"十三五"国家重点图书出版规划项目

城市生活垃圾处理知识问答

CHENGSHI SHENGHUO LAJI CHULI ZHISHI WENDA

环境保护部科技标准司
中国环境科学学会 主编

中国环境出版集团·北京

图书在版编目（CIP）数据

城市生活垃圾处理知识问答 / 环境保护部科技标准司，中国环境科学学会主编. ——北京：中国环境出版集团，2012.7（2018.11重印）
（环保科普丛书）
ISBN 978-7-5111-0966-8

Ⅰ. ①城… Ⅱ. ①环… ②中… Ⅲ. ①城市－垃圾处理－问题解答 Ⅳ. ①X799.305-44

中国版本图书馆CIP数据核字（2012）第065666号

出 版 人　武德凯
责任编辑　沈　建　董蓓蓓
责任校对　任　丽
装帧设计　金　喆

出版发行　中国环境出版集团
（100062 北京市东城区广渠门内大街 16 号）
网　　址：http://www.cesp.com.cn
电子邮箱：bjgl@cesp.com.cn
联系电话：010-67112765（编辑管理部）
发行热线：010-67125803，010-67113405（传真）
印　　刷　北京中科印刷有限公司
经　　销　各地新华书店
版　　次　2012 年 1 月第 1 版
印　　次　2018 年 11 月修订第 2 次印刷
开　　本　880×1230　1/32
印　　张　5.25
字　　数　120 千字
定　　价　26.00 元

《环保科普丛书》编著委员会

《城市生活垃圾处理知识问答》编委会

主　　编：易　斌

副 主 编：聂永丰　蒋建国　徐海云　王　琪　胡华龙

编　　委：（按姓氏笔画排列）

王　琪　王文林　王泽林　卢佳新　刘海波

刘志全　任官平　孙轶斐　陈　胜　陈　瑛

陈永梅　应建渝　张静蓉　张俊丽　杨　勇

易　斌　胡华龙　禹　军　祝慧群　聂永丰

徐海云　黄泽春　蒋建国　温雪峰　雷钦平

主编单位：环境保护部科技标准司

中国环境科学学会

参编单位：清华大学环境学院

中国城市建设研究院

中国环境科学研究院

环境保护部固体废物管理中心

中国环境科学学会固体废物分会

国家环境保护垃圾焚烧处理与资源化工程技术中心

绘图单位：北京创星伟业科技有限公司

《环保科普丛书》序

我国正处于工业化中后期和城镇化加速发展的阶段，结构型、复合型、压缩型污染逐渐显现，发展中不平衡、不协调、不可持续的问题依然突出，环境保护面临诸多严峻挑战。环保是发展问题，也是重大的民生问题。喝上干净的水，呼吸上新鲜的空气，吃上放心的食品，在优美宜居的环境中生产生活，已成为人民群众享受社会发展和环境民生的基本要求。由于公众获取环保知识的渠道相对匮乏，加之片面性知识和观点的传播，导致了一些重大环境问题出现时，往往伴随着公众对事实真相的疑惑甚至误解，引起了不必要的社会矛盾。这既反映出公众环保意识的提高，同时也对我国环保科普工作提出了更高要求。

当前，是我国深入贯彻落实科学发展观、全面建成小康社会、加快经济发展方式转变、解决突出资源环境问题的重要战略机遇期。大力加强环保科普工作，提升公众科学素质，营造有利于环境保护的人文环境，增强公众获取和运用环境科技知识的能力，把保护环境的意识转化为自觉行动，是环境保护优化经济发展的必然要求，对于推进生态文明建设，积极探索环保新道路，实现环境保护目标具有重要意义。

国务院《全民科学素质行动计划纲要》明确提出要大力提升公众的科学素质，为保障和改善民生、促进经济长期平稳快速发展和社会和谐提供重要基础支撑，其中在实施科普资源开发与共享工程方面，要求我们要繁荣科普创作，推出更多思想性、群众性、艺术性、观赏性相统一，人民群众喜闻乐见的优秀科普作品。

环境保护部科技标准司组织编撰的《环保科普丛书》正是基于这样的时机和需求推出的。丛书覆盖了同人民群众生活与健康息息相关的水、气、声、固废、辐射等环境保护重点领域，以通俗易懂的语言，配以大量故事化、生活化的插图，使整套丛书集科学性、通俗性、趣味性、艺术性于一体，准确生动、深入浅出地向公众传播环保科普知识，可提高公众的环保意识和科学素质水平，激发公众参与环境保护的热情。

我们一直强调科技工作包括创新科学技术和普及科学技术这两个相辅相成的重要方面，科技成果只有为全社会所掌握、所应用，才能发挥出推动社会发展进步的最大力量和最大效用。我们一直呼吁广大科技工作者大力普及科学技术知识，积极为提高全民科学素质做出贡献。现在，我们欣喜地看到，广大科技工作者正积极投身到环保科普创作工作中来，以严谨的精神和积极的态度开展科普创作，打造精品环保科普系列图书。衷心希望我国的环保科普创作不断取得更大成绩。

丛书编委会

二〇一二年七月

前言

生活垃圾处理是城市管理和公共环境服务的重要组成部分，是建设资源节约型和环境友好型社会，实施治污减排，确保城市公共环境安全，提高人居环境质量和生态文明水平，实现城市科学发展的一项重要工作。

近年来，在党中央、国务院高度重视下，我国生活垃圾处理和污染防治工作取得了长足发展，政策法规不断完善，资金投入不断加大，处理能力和无害化处理率大幅提高。然而，随着我国城市化进程的加速推进，城市垃圾处理成为城市中非常重要的、关切民生的环境保护问题。垃圾处理场在选址、工艺技术选择、公众参与等方面问题频发，成为社会关注和争论的热点。在这场热点争论当中，公众对垃圾处理场的心理排斥和对垃圾处理过程中产生的环境影响认识不到位是其中的重要原因之一，同时，由于部分关于生活垃圾处理的片面知识和观点的传播，误导了公众对生活垃圾处理的态度和行为，导致了公众对生活垃圾处理相关问题的理解和认知有所偏颇，极大地影响了生活垃圾处理的工作效率，影响了城市文明和生态文明的建设。

基于此，我们组织编写了《城市生活垃圾处理知识问答》一书，用通俗易懂的语言，以图文并茂的方式向公众介绍生活垃圾的产生与危害、生活垃圾的分类收集和运输、生活垃圾的减量化与资源化、生活垃圾填埋、生活垃圾焚烧、生活垃圾生物处理、生活垃圾的管理和公众参与等相关知识，逐步提高公众主动参与生活垃圾减量和分类收集的意识，理解科学高效处理生活垃圾的方法，提高人居环境质量，实现城市科学发展。

在本书的编写过程中，得到了中国科协科普部的资助和支持，清华大学环境学院、中国城市建设研究院、中国环境科学研究院、环境保护部固体废物管理中心、中国环境科学学会固体废物分会、国家环境保护垃圾焚烧处理与资源化工程技术中心委派专家参与了本书的编写工作，在此一并感谢！

编者

二〇一二年七月

目录

第一部分

生活垃圾的产生及其危害

1 什么是生活垃圾？

生活垃圾，是在日常生活中或者为日常生活提供服务的活动中产生的固体废物，以及法律、行政法规规定视为生活垃圾的固体废物。生活垃圾一般可分为厨余垃圾、可回收垃圾、有毒有害垃圾和其他垃圾等，例如人们日常生活中废弃的剩饭剩菜、纸张、塑料、玻璃、电池、荧光灯管等。

2 生活垃圾清运量和产生量一样吗？

生活垃圾清运量是指在生活垃圾产量中能够被清运至垃圾消纳场所或转运场所的量，影响因素为生活垃圾产生量、垃圾回收比率、清运率等。

生活垃圾产生量指一个城市或地区居民生活产生的垃圾总量，影响因素为城镇人口数量、经济发展水平、居民收入与消费结构、燃料结构、管理水平、地理位置等。生活垃圾产生量理论上大于清运量，一般是根据人口数量，按照统计学方法抽样调查得出。

生活垃圾清运量不包含在源头便进入回收系统的废弃物，目前，统计部门的各种报告以及科学文献中的数据绝大多数采用清运量。

3 每天你扔多少生活垃圾?

根据国家统计局城市生活垃圾清运量统计数据，2009年我国城镇居民平均每人每天产生约0.69千克生活垃圾。从2000年到2009年我国城市生活垃圾年清运量变化趋势见下图。

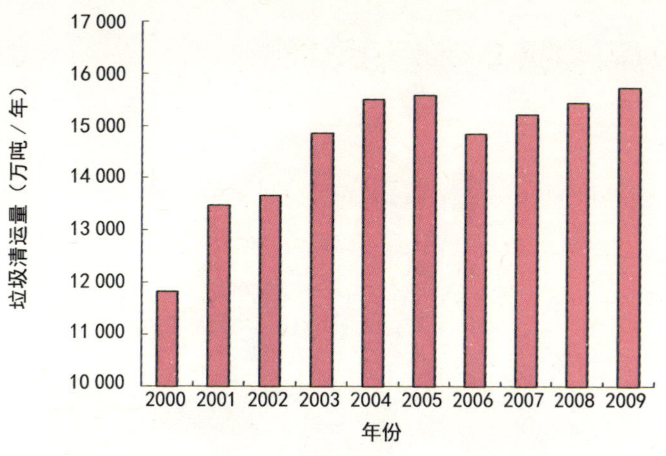

我国城市生活垃圾清运量变化趋势

在北京，平均每人每天产生约 0.75 千克生活垃圾；

在天津，平均每人每天产生约 0.54 千克生活垃圾；

在上海，平均每人每天产生约 1.15 千克生活垃圾；

在重庆，平均每人每天产生约 0.41 千克生活垃圾。

4 我国城市生活垃圾的产生趋势是什么？

随着城市化进程的加快和人民生活水平的不断提高，生活垃圾产生量不断增长。据国家统计局数据，2000 年城市生活垃圾清运量约为 1.18 亿吨，至 2009 年，则增长到 1.57 亿吨。

目前，我国城市生活垃圾累积堆存量已达 70 亿吨，占地 80 多万亩，且占地量近年来又以平均每年 4.8% 的速度持续增长。全国 600 多座城市，许多城市陷入垃圾环带的“包围”之中。

5 生活垃圾的产生与哪些因素有关？

生活垃圾的产生主要与城市人口、城市经济发展水平、居民收入与消费结构、燃料结构、管理水平、地理位置等因素有关。

（1）城市人口：城市生活垃圾产生量随着城市人口的增长呈直线增长态势，人口越多，垃圾产生量越多。

（2）城市经济发展水平：经济快速发展时期垃圾的产生量也会大幅增加，发展到一定时期增长速度逐渐放慢。

（3）居民收入与消费结构：居民生活水平和消费结构

的改变不仅影响城市垃圾的产量，也影响着城市垃圾的成分。商品经济越发达，一次性的废弃物越多。近年来，居民收入不断增加，人民的生活水平不断提高，包装材料、一次性使用材料和用品日益增多，从而导致垃圾量也大幅增加。

（4）燃料结构和地理位置：垃圾产量与地理位置和当地的燃料结构有关，如：北方取暖期长，燃料以煤为主，垃圾产生量因而高于南方的城市，无机物含量也高于南方的城市。

（5）管理水平：城市市政管理水平的提高以及公民环保意识的增强会逐步加大垃圾的回收率，从而减少垃圾的人均产生量。此外垃圾处理产业化、社会化的管理水平也直接影响生活垃圾的减量化、资源化、无害化的效果。

6 生活垃圾有什么污染？

生活垃圾不但占用大量的土地，而且还污染水体、大气、土壤，危害农业生态，影响环境卫生，传播疾病，对生态系统和人们的健康造成危害。

7 生活垃圾对地表水有什么影响?

生活垃圾中含有大量病原微生物，在堆放腐败过程中也会产生大量的酸性、碱性有机污染物，并会溶出垃圾中含有的重金属，包括汞、铅、镉等，形成有机物、重金属和病原微生物三位一体的污染源。随意堆放的垃圾或简易填埋的垃圾，其所含水分和淋入垃圾中的雨水产生的渗滤液会流入周围地表水体，造成水体污染。

8 生活垃圾对地下水有什么影响?

目前，国内大多数城市的垃圾仍采用堆放和填埋的方法进行处理，由于许多垃圾填埋场未采取很好的防渗措施，污染物不可避免地会对地下水产生污染。填埋场的垃圾由于发酵、分解会产生渗滤液，对地下水造成污染，主要表现为使地下水水质混浊，有臭味，COD、氨氮、硝酸氮、亚硝酸氮含量高，油、酚污染严重，大肠菌群超标等。

9 生活垃圾对大气有什么影响?

生活垃圾长时间的堆放，会造成垃圾腐烂霉变，释放出大量有害气体，粉尘和细小颗粒物随风飞扬，危害周围大气环境。生活垃圾随意焚烧，会造成大量有害成分挥发，未燃尽的细小颗粒进入大气，还会产生二噁英、酚类等有害物质。即使是生活垃圾的直接卫生填埋场也会产生大量的填埋气，填埋气的主要成分为甲烷（CH_4）和二氧化碳（CO_2），具有很强的温室效应，还含有微量的硫化氢（H_2S）、氨气（NH_3）、硫醇和某些微量有机物等有毒气体，填埋气若得不到有效收集，还会引起火灾，发生爆炸事故等。

10 生活垃圾对土壤有什么影响?

堆放的生活垃圾，不仅侵占大量农田，而且大量塑料袋、废金属等有毒物质直接填埋或遗留土壤中，难以降解，严重腐蚀土地，污染土壤，危害农业生态。

11 生活垃圾对自然景观有什么影响?

生活垃圾的露天堆放和填埋，要占用大量的土地资源。许多城市无力消纳，设在城郊的生活垃圾堆一般具有不良外观，容易滋生蚊蝇、蛆虫和老鼠，散发恶臭，危害人体健康并且影响市容，有碍景观。由于垃圾乱丢乱弃，水面上漂着的塑料瓶和饭盒，树上挂着的塑料袋、卫生纸更是严重影响了自然景观的观瞻。

12 生活垃圾对人体健康有什么影响？

生活垃圾主要通过土壤污染、大气污染、地表和地下水的污染影响人体健康。生活垃圾若不能及时从市区清运或是简单堆放在市郊，往往会造成垃圾遍布、污水横流、蚊蝇滋生、散发臭味，还会成为各种病原微生物的滋生地和繁殖场，影响周围环境卫生，危害人体健康。比如垃圾对地下水的污染会导致地下水污染物含量超标，引发腹泻、血吸虫、沙眼等疾病。贵阳市曾发生过痢疾流行，就是地下水被垃圾渗滤液污染，病原微生物严重超标引起的。

13 生活垃圾是如何清运处置的？

生活垃圾的清运处置共分三个阶段：

（1）垃圾系统收集：城市生活垃圾产生后，通过布置在各处的收集容器进行收集，一般采用居民投放收集和上门收集等方式，收集容器有垃圾箱、垃圾收集站、垃圾收集管道、收集车等。

（2）垃圾的运输：村镇和社区的垃圾运输，目前多数采用人工收集车和部分小型环保专用收集车，运输至社区小型垃圾中转站；收集到小型中转站的垃圾，每天由专用垃圾运输车运至大型垃圾压缩中转站，经过压缩设备压缩去除一定水分后，由专用密闭型垃圾运输车运输至垃圾处理终端地点。

（3）垃圾的处理处置：垃圾最终的末端处理，一般有垃圾焚烧发电、生物处理、卫生填埋等方式。

第二部分

生活垃圾的分类收集和运输

14 什么是生活垃圾分类收集？有什么好处？

生活垃圾分类收集就是指从垃圾产生的源头开始，将生活垃圾按不同处理与处置手段的要求分成若干个种类进行收集，分类收集后采取适宜方式将各种不同类的生活垃圾进行回收或处置，以达到减少生活垃圾最终处置量、实现部分有价值物质的回收利用、避免生活垃圾混合收集造成环境污染的目的。推广生活垃圾分类收集能减少环境污染、减少资源消耗、美化生活环境，是社会可持续发展和资源合理利用的必由之路，也是城市环境建设和管理工作的重要内容。

15 什么是厨余垃圾？

厨余垃圾是指居民日常生活及食品加工、饮食服务、单位供餐等活动中产生的垃圾，包括丢弃不用的菜叶、剩菜、剩饭、果皮、蛋壳、茶渣、骨头等，其主要来源为家庭厨房、餐厅、饭店、食堂、市场及其他与食品加工有关的行业。餐厨垃圾含有极高的水分和有机物，很容易腐坏，产生恶臭。经过妥善处理和加工，可转化为新的资源。

16 什么是有毒有害垃圾?

有毒有害垃圾是指含有对人体健康或自然环境造成直接或潜在危害物质的废弃物，一般具有毒性、易燃性、腐蚀性、反应性等特性。包括以下几类：含有重金属的镍镉／镍氢和铅充电电池，未采用无汞工艺的干电池，含汞的废荧光灯管，各种过期药品，杀虫剂，含有挥发性有毒／可燃物质的有机液体制剂（油漆、用于干洗和电子器件清洗的有机清洗剂、稀释剂），强酸、强碱（如含有盐酸的洁厕灵），各种不稳定且遇火、遇水、撞击、加热后易发生爆炸或产生有毒气体的物质。

17 可回收的生活垃圾包括哪些?

可回收的生活垃圾主要包括废纸、塑胶、玻璃、金属和织物五大类，经过综合处理回收利用，可以减少污染，节省资源。

18 生活垃圾分类的目的是什么?

对生活垃圾进行分类是为了实现：分别的回收利用、分别的处理、减少对环境的污染。

（1）减少处置量。生活垃圾分类减少了进入填埋和焚烧等最终处置设施的垃圾量，减少了不利于填埋或焚烧处置的物质，提高垃圾堆肥的效果，有利于生活垃圾处理处置设施的正常运行和污染控制。

（2）便于回收利用。生活垃圾分类能够减少可回收物质的污染，减少可回收物质分选的工作量。

（3）最大限度地减少污染。混合收集容易造成生活垃圾中有害物质的遗漏和臭气的外泄，分类后按照不同种类垃圾的性质对收集容器进行严格要求，能够减少环境污染。

19 生活垃圾分类的原则是什么？

生活垃圾分类的基本原则是按照性质将生活垃圾分类，并选择适宜且有针对性的方法对各类垃圾进行处理、处置或回收利用，以实现较好的综合效益。这个综合效益包括污染的控制、土地和能源等资源的消耗、回收物质和能源所实现的经济效益等方面。

具体的分类原则主要包括：可回收物与不可回收物分开；可燃物与不可燃物分开；干垃圾与湿垃圾分开；有毒有害物质与一般物质分开。具体的分类方法要根据当地的生活垃圾处理设施条件进行选择。

20 生活垃圾如何分类能最大限度地实现资源回收?

“可回收”并不是理论上的可以回收,也不是当前科学技术能力可实现的回收,而是经济上可行,能获得利润的“可回收”。如果回收产品没有销路,意味着回收产品无法满足消费者的要求,最终还是变成了“没人要”的垃圾;如果得不到利润,说明为了将这些废弃物变成资源,消耗了更多的其他资源,那么分类收集回收则没有意义。

我国绝大部分的城市已经做到将工业垃圾、建筑垃圾与一般生活垃圾分类收集,前两者得到较好的回收和处置,而一般生活垃圾组分复杂,还需要进一步分类分选。

当前垃圾机械分选技术的水平尚无法做到完全彻底地将混合垃圾分选成各类可回收垃圾，精细的人工分选是目前必然要使用的手段。如果在产生源头处实现分类收集，便可大大降低机械分选设备要求和人工分选的工作量及垃圾的回收成本。为实现更大程度的回收，还需要开发新的回收生产技术，建立和扶持一批符合市场需求和当地社会需要的回收工厂。

总之，要实现最大限度的回收利用，其实也就是要建立一个完整而有效的分类垃圾物流系统，实现每一类可回收垃圾最终进入工厂并生产出满足市场需求的商品。

21 为什么有些国家和地区有可燃垃圾这种分类？

包含可燃垃圾的垃圾分类方案出现在以垃圾焚烧为主要处理方式的国家和地区。这里的“可燃”并不是指随意地可以进行焚烧，而是指可以使用现代化的大型焚烧设备进行燃烧处理，

产生的尾气、飞灰、灰渣能得到妥善的净化和处置。这种分类的主要目的是保证垃圾焚烧设施的稳定高效运行，同时兼顾垃圾中较容易回收成分的回收，最大限度地减少垃圾的填埋处置量，节约土地资源。

典型的可燃垃圾有：各种废弃木制品、被污染却干燥的纸类、脱水后的厨余垃圾、用于煎炸食品的食用油、各种不易回收利用的塑料制品和部件等。

22 什么是生活垃圾的干湿分类？有什么好处？

“干湿分类”是针对我国居民生活垃圾中厨余和果皮类垃圾比例较高，水分含量高，不利于垃圾回收和最终处置的国情提出的一种简单实用的垃圾分类方式。“干湿分类”是将居民的一般

生活垃圾分为湿垃圾（主要为厨余垃圾、果皮等）和干垃圾（其他垃圾）。湿垃圾收集后可利用微生物进行堆肥、厌氧消化处理或制备生物燃料，而干垃圾收集后由工作人员从中挑出可利用的物质，剩下的垃圾进行填埋或焚烧处置。

干湿分类只是我国推广垃圾分类的一个初步阶段，在这一阶段不仅仅是提高垃圾的处理回收效果，更重要的是普及垃圾分类知识，培养垃圾分类意识。将来会在此基础上进一步细化分类种类，提高垃圾回收效率，进一步减少填埋和焚烧的垃圾量，促进人类社会与自然环境的和谐发展。

23 为什么厨余垃圾应当单独收集处理?

厨余垃圾含有大量有机物，易腐败发臭，是垃圾清运和处置过程中各种可能发生环境问题的重要原因。厨余垃圾非法收集和回收利用会对环境和居民健康产生威胁。对厨余垃圾单独收集，可以减少进入填埋场的有机物的量，减少臭气和垃圾渗滤液的产生，也可以避免水分过多对垃圾焚烧处理造成的不利影响，降低了对设备的腐蚀。

同时，厨余垃圾具有较大的资源价值，高有机物含量的特点使其经过严格处理后可作为肥料、饲料，也可产生沼气用作燃料或发电，油脂部分则可用于制备生物燃料。

厨余垃圾应当提供给专业化处理单位进行处理，严禁将废弃食用油脂（包括地沟油）加工后作为食用油使用，严禁直接使用厨余垃圾饲养畜禽及鱼类，严禁用未经无害化处理的厨余垃圾生产肥料。

24 厨余垃圾应该怎样运输?

厨余垃圾的运输必须全封闭，防止滴撒、遗漏，车身要有明显标识，具有政府主管部门核发的准运证件，方可从事运输。

25 日本的生活垃圾如何分类与回收?

日本各地的垃圾分类是根据后端回收利用和不同处置方法决定的一个循序渐进的过程。由于土地资源有限，垃圾焚烧是垃圾处置的主要手段，垃圾分类方式采取回收纸张、旧瓶等易回收物品后再主要分为可燃和不可燃类的形式。以当前日本某市的分类方案为例：

（1）干电池；

（2）喷雾罐；

（3）塑料制容器包装：包括贴有塑料制容器包装标记的瓶类、软管类、网类、托盘类、杯子、垫子、盖类、塑料袋、塑料纸膜、缓冲材料类等商品的包装物；

（4）罐、瓶：包括装食物、饮料的罐和玻璃瓶，装饮料、酒、甜料酒、酱油、贴有特殊标记的塑料瓶等。注意需要将盖子和标签除去（金属的盖子属于小型金属类，塑料制的盖子或标签属于塑料制容器包装类），冲洗干净其内部；

（5）小型金属类：各种尺寸小于 30 厘米的金属物品；

（6）废纸类；

（7）旧布；

（8）大型垃圾：尺寸大于 30 厘米的金属物品；尺寸大于 50 厘米的其他类物品；

（9）可燃垃圾：完全去除水分的厨房垃圾，炸过东西的油（需要将布或者纸张浸入油中，或者是使其凝固），纸尿布（需要先将污物冲到便器内，之后揉成小团），尺寸小于 50 厘米的木板、树枝、塑料物品或部件，弄脏了的纸、铝箔、内侧贴有铝膜的纸袋、复写纸、印花纸、感热泡沫纸等；

（10）不可燃垃圾：玻璃类、陶瓷器具类、荧光灯、灯泡等。

经过 20 多年来的改进发展，日本垃圾分类收集处理成果显著，成为世界各国争相学习的榜样。据估算，仅东京地区在 1989 年至 2004 年就少产生垃圾 700 多万吨，节省的直接费用高达 76 亿美元。

26 德国的生活垃圾如何分类与回收？

20 世纪 90 年代初，德国政府便开始从多个方面推进垃圾分类收集处置和垃圾的资源化，使其垃圾分类和回收水平走在了欧盟乃至世界的前列。德国居民生活垃圾主要分为以下几类：

（1）有机废物：厨余垃圾和花园垃圾，当作肥料自行掩埋或集中收集统一用微生物进行堆肥处理；

（2）轻量包装垃圾：特指带有“绿点”标志的包装，主要包括部分塑胶制品（如装乳制品的盒子、装清洁剂的瓶子、各类袋子、聚乙烯托盘等），各类金属制成的容器，饮料纸盒，真空包装。投入黄色垃圾箱，由绿点公司负责收运回收；

（3）旧纸：投入蓝色垃圾箱，绿点公司负责收运回收；

（4）旧玻璃：按不同颜色投入旧玻璃收集箱，绿点公司负责收运回收；

（5）有毒有害垃圾：由市政部门专门收集和处置；

（6）大型垃圾：由市政部门组织在特定的清运日进行统一收运，也可预约上门收运；

（7）其他垃圾：由市政部门组织收运和处置。

经过 20 多年的努力，德国全国生活垃圾回收率以及各类垃圾的总体回收率都达 70%以上。

27 巴西的生活垃圾如何分类与回收？

巴西自 1992 年开展垃圾分类回收，如今已成为垃圾分类回收的世界典范，特别是为广大发展中国家提供了一种可行的垃圾分类与回收发展模式。

巴西和中国一样，居民的垃圾分类意识与发达国家相

比并不高，同时又有着一支庞大的农民工队伍。巴西不要求居民对生活垃圾实行细致分类，而是推行二级分类模式。先将垃圾在源头进行干湿分类，湿垃圾送到填埋场处置，干垃圾送到合作社分拣中心进一步分类回收。巴西政府鼓励拾荒者自发组成合作社，为他们提供一定的工作场地以及传送带、打包机等简单垃圾分选设备，并帮助他们解决回收垃圾的销路。

巴西垃圾分类体系的最大贡献是开创了劳动密集型的合作社运营模式。这个体系最大的特点就是政府、非政府组织、合作社、消费者和回收利用企业等共同参与。这种方式节省了投资，也解决了劳动力就业问题。合作社成员均被纳入社会保障体系，增强了成员的社会归属感，减少了以往无组织拾荒者带来的诸多社会不稳定因素，促进了社会的和谐稳定。

到2006年，巴西有327个城市加入了垃圾分类处理的队伍，组建了430多个合作社，共创造了50多万个就业机会，2004年的统计数据显示，巴西的资源回收利用率已经接近发达国家的水平，其中纸板的回收率为79%，纸33%，塑料16.5%，PET树脂48%。

28 台湾的生活垃圾如何分类与回收?

1998年，垃圾强制分类制度在台北市政府环保部门的推动下在台北市首先开展试点。随后台湾环保行政主管部门采纳了台北市的政策，分两阶段向全岛逐步推广。2005年向条件较好的10个县、市推广，于2008年向全台湾25个县、市推广。

台湾将垃圾分为“资源垃圾”、“厨余”及“一般垃圾”3类，资源垃圾主要包括：废纸、废铝铁、废玻璃、废塑料、废干电池、日光灯管等。在公共场所和机构设置4种颜色的废物桶：蓝色收集废纸，红色收集废塑料，绿色收集玻璃瓶，黄色收集金属罐。

台湾资源回收取得的成绩，与资源回收回馈制度的良好运行密不可分。凡小区或居民自发组成的回收组织收集来的资源回收物，可用于与政府的“资源回收管理基金会”换取回馈金，提供给小区用于公共用途。学校、社福团体、公家清洁队、回收商等参与垃圾回收的团体和组织也都能得到相应的回馈。2008年，资源回收管理基金会支出的回馈金达47.8亿元新台币。资源回收管理基金会的运作基金，来自生产33项强制回收产品业者每年缴纳的“回收清除处理费”，回馈机制促使这些可回收资源最终进入回收处理体系。目前列管的包括饮料铝罐、塑料包材、报刊纸类、玻璃瓶罐、电子产品、废光盘、废太阳能电池在内的33项强制回收产品的回收率已达到80%以上。

29 我国生活垃圾分类收集的发展历程如何?

我国生活垃圾分类收集大致可分为四个阶段。

(1) 简单回收阶段：20 世纪 50 年代中期，我国开展了废纸、废铁、废牙膏皮等可回收垃圾的回收利用，建立了大批国营回收站点，取得了可观的垃圾回收效益。但当时只是针对有价值物品的回收，并没有从垃圾最终处置方面考虑，生活垃圾仍长时间采用混合收集方式。

(2) 生活垃圾分类处理处置的提出阶段：改革开放后，我国城市化进程大幅度加速，居民生活水平提高，可回收物品的经济效益相对降低，大量有回收价值的垃圾被混合收集，混合处理，也带来了拾荒者的问题。另外，混合收集和垃圾的不规范处理带来了大量的环境问题。因此，我国在 80 年代提出了垃圾的分类处理处置，但由于宣传不到位以及相关法律法规的缺失，垃圾分类在我国并未得到有效地推广。

(3) 生活垃圾分类收集第一轮推广阶段：直到 2000 年，原国家建设部确定北京、上海、广州、南京、深圳、杭州、厦门、桂林 8 座城市作为“生活垃圾分类收集试点城市”，生活垃圾分类收集工作再次启动。虽然这一阶段的推广未能最终成功，但积累了宝贵的经验，并在工业垃圾、建筑垃圾、大件生活垃圾的回收利用方面取得了较好的成绩。

(4) 生活垃圾分类收集新一轮推广阶段：2009 年开始，社会上反焚烧浪潮兴起，引发了生活垃圾处置和回收问题的大讨论。这次讨论对生活垃圾焚烧未形成最终的定论，但垃圾源头分类均被讨论各方看作是源头减量和提高焚烧安全性的重要手段。在此背景下，政府启动了新一轮的垃圾分类收集处理工作。

目前我国生活垃圾分类还处在初步推广阶段，存在收运系统不配套、分类收集知识普及不足、政策法规跟不上、拾荒者等诸多问题。生活垃圾分类的推广工作涉及方方面面，不仅要通过社会各个层面倡导和宣传，还要改造收运系统，建立完整且畅通的各类垃圾的物流通道，并建立与垃圾分类相配套的法规及鼓励政策。对于拾荒者，应当肯定他们对垃圾回收的作用，积极进行引导和帮扶，而不是粗暴地将他们赶出城市。

30 我国生活垃圾分类试点经验是什么？

（1）北京

2002年北京市人民政府规定，居住小区、大厦和工业区的生活垃圾分类按照“大类粗分，厨余垃圾就地处理”的原则进行，确定生活垃圾分类和处理“政府推动、市场运作、公众参与、科技支撑”的指导方针。2004年5月，北京市制定并发放了《北京市城市生活垃圾分类指导手册》。2007年，北京市对垃圾收集和处理进行三项调整。一是将垃圾收集、运输、处理责任全部下放到区、县。二是统一垃圾处理费用标准，理顺垃圾处理经费管理机制。三是建立了垃圾产生区向垃圾处理区缴纳经济补偿费的机制。同时明确在分类方法上仍然按照“大类粗分”的原则，分为可回收物、厨余垃圾和其他垃圾三类，2008年5月，北京市政府将垃圾分类引入物业服务之中。2010年5月，北京市政府对垃圾卫生填埋场、焚烧厂的建设、运行等标准一一明确。文件规定，让居民尽可能地实行垃圾分类回收，不做强制性要求。目前，北京市正在朝阳区开展的垃圾分类推广工作已经取得了可喜的成绩。

（2）广州

2007年取消了垃圾分类收集后，广州于2011年开始了新的生活垃圾分类收集的工作。国内首部城市垃圾分类管理法规——《广州市城市生活垃圾分类管理暂行规定》于 2011 年 4 月 1 日起正式实施。按照广州市的计划，2011 年，广州的垃圾分类率力争达到 50%，2012 年将建立完善的垃圾分类收集处理系统；市民只需从最基本的干、湿垃圾分类做起，在家里把干、湿垃圾分开，丢到楼道里的厨余垃圾和其他垃圾桶里；在环卫工人那里，再将其中的干垃圾分出可回收垃圾，到了回收站又会进行更细致的分类。

目前，我国垃圾分类试点工作呈现的主要特点是不刻意追求分类的种类过多过细，由简入繁，以干湿分类为主，较重视社区物业工作，同时注意收运系统的同步改造，抓紧进行各类垃圾的最终处置和回收设施的建设。

31 什么是生活垃圾转运站？作用是什么？

生活垃圾转运站是为了减少生活垃圾清运的运输费用而在垃圾产地（或集中地点）至处理处置设施之间所设的垃圾中转站。

转运站按垃圾日转运量可分为大、中、小三型，小型转运站每日转运垃圾量为 150 吨以下，中型转运站为 150 ~ 450 吨，而大型转运站为 450 吨以上，有的日转运垃圾量可达 2 000 ~ 3 000 吨。

生活垃圾转运站的功能是提高运输效率、降低运输成本，同时具有一定的垃圾分类分选功能。生活垃圾转运站能提高运输效率，简单地说就是把垃圾从小车装上大车，发挥大车大容量的特点，减少运输车次，减少路费，从而降低垃圾的运输成本。此外，现代化的转运站配备有垃圾压缩机，可将垃圾体积压缩到原来的一半左右，能进一步地利用大车的运载力。

生活垃圾转运站除了可以通过合理安排运输车辆装卸流程来实现不同类垃圾的分类运输以外，还可以安排一定的场地、设备和人员对垃圾进行一定程度的分选，大型的垃圾转运站甚至可设计成处理能力可观的垃圾分选中心，采用成套的分选设备和工业化的流程，极大地提高生活垃圾的分选回收效率。因此，垃圾转运站是现代城市垃圾收集运输系统中不可缺少的重要环节。

32 如何控制转运站运行过程中可能发生的环境问题?

垃圾转运站运行中需要解决的环境问题主要有噪声、臭气、废水、粉尘四个方面，现代化的转运站经过合理设计和科学管理，能圆满地解决这些问题。

（1）噪声问题：由车辆的运行、各种设备的工作引起。设置绿化隔离带、将工作区与外界隔离、采用低噪声的操作机械、加装减振装置、合理安排车辆行驶路线和时段，可达到满意的降噪效果。

（2）臭气问题：来源于垃圾密封不平、卸载操作不规

范。通过保证车辆密封，控制车辆路线，严格将垃圾的装卸控制在密封工作区域，采用抽风系统收集并净化臭气，经常清洗和喷洒除臭剂等措施，可大幅减轻臭气排放。

（3）废水问题：由垃圾渗滤液和车辆设备的冲洗产生。转运站将运输车辆中和垃圾压缩时产生的渗滤液及清洗废水妥善收集，采用一定的工艺进行预处理，再进入污水处理厂进行最终的处理。

（4）粉尘问题：产生于生活垃圾的装卸操作过程。除了保证车辆密封，还要在装卸操作区域进行洒水降尘，并采用抽风系统收集工作区域气体，进行除尘后再排入大气，可达到满意的粉尘控制效果。

33 垃圾收集容器有哪些要求？

垃圾收集容器是指能暂时存放垃圾的垃圾箱。垃圾收集容器需要满足以下四个要求：

（1）抗冷热、抗老化、耐腐蚀性：垃圾收集容器应具有在一定温度下不软化、不脆裂的能力；一定时间内能保持强度和颜色的能力；耐酸、耐碱等腐蚀性化学品的能力。

（2）密闭性：垃圾收容器密闭后防止水分和气味外溢的能力。

（3）明显标识：收集容器还应当有明确易懂的标识和着色，提醒居民按分类进行投放。

（4）环境匹配与美观性：在公共场所、道路两侧、风景区则因地制宜地选用与环境相协调，分类明确的垃圾箱。同时在满足上述要求的前提下，收集容器还应该美观大方。

34 垃圾转运车辆主要有哪些？

车辆运输方式是目前垃圾运输最主要的方式，而垃圾运输车型的选择对于以车辆运输为主的垃圾清收系统来说非常重要。目前用于普通生活垃圾清运的车型主要有平板车、压缩式后装垃圾车、集装箱式垃圾车、密封桶式垃圾车等。

（1）平板车适用于运输使用标准垃圾桶收集的垃圾。使用平板车运输时，将垃圾桶整桶运走，原位置放上空桶，到转运站后清空垃圾桶，以此往复。

（2）压缩式后装垃圾车适用于收集分散的、用垃圾袋投放的垃圾，加装了挂桶翻转机构的压缩式后装垃圾车也能收集相应垃圾桶中的垃圾。这类垃圾车自

带压缩机，能防止垃圾和臭气外漏，并配有渗滤液收集装置，收集压缩过程中产生的污水，以待妥善处理。

（3）集装箱式垃圾车由于其具有较大的运载量，常用于垃圾的转运环节，即将垃圾从转运站运往处理处置地点。

（4）密封式桶式垃圾车由于其密封性能较好，常用于运输厨余垃圾和部分类型的有毒有害垃圾。

35 我国目前生活垃圾的收集运输状况如何？

我国垃圾的收集运输体系目前呈现城乡差异大、发达地区与不发达地区差异大、普遍不适应分类收集处置这三大特点。

城乡差异大表现为，在城市和城镇一般都拥有一定水平的垃圾收集运输体系，垃圾得到不同程度的处理和处置；而在广大的农村，普遍没有成体系的垃圾收集和运输，收集后只进行简单的填埋和焚烧，甚至在有些地区垃圾无人收集，随意堆放，不仅引发环境污染，还造成诸多社会矛盾。

发达地区与不发达地区差异大表现为，在发达地区的城市收集运输体系较完备，与发达城市毗邻的一些城镇和农村也被纳入整个城市的垃圾收运体系，垃圾运输车辆普及率高，收集到的垃圾最终能够得到无害化处置；而在不发达的地区，车辆普及率低，且一部分车辆并不能达到对垃圾运输车辆的要求，收集的垃圾有相当一部分只是简单地进行堆放和简易填埋，无害化处置率低。

不适应分类收集处置的要求是我国各地垃圾收运系统的通病，即使在发达城市，依然存在垃圾分类投放后又混合收集，或者分类收集后各类垃圾找不到合理出路的问题。

我国垃圾收运体系的建设任重道远。将来不仅要提高建立覆盖城乡的垃圾收集运输系统，还要实现垃圾的正规收集运输及无害化处置，建立一个完整而有效的分类垃圾物流系统。主要大中型城市的垃圾由环卫部门工人收集后，送往指定的中转站，然后根据各地情况，分别采用填埋和焚烧等方法进行处理；不发达地区的小城镇或农村等，都是收集后直接采用填埋的方式；有些农村的垃圾因处理费用的问题，无人专门进行收集，村民各户产生的垃圾除一部分用于堆肥外，其余都是散落于各处，对环境造成较大影响。

第三部分

生活垃圾的减量化与资源化

36 什么是生活垃圾的减量化?

生活垃圾的减量化是指在生产、流通和消费等过程中避免和减少资源消耗和废物产生，以及采取适当措施使废物量（含体积和重量）减少的过程。目的是减少污染、回收资源和减少收运处理成本。

37 什么是生活垃圾的资源化?

生活垃圾的资源化是指采取管理和工艺措施从生活垃圾中回收物质和能源，加速物质和能源的循环，创造经济价值的方式。主要包括以下三方面：物质回收、物质转换和能源回收。

（1）物质回收，主要是指将纸类、塑料、金属、玻璃等生活垃圾中化学性质稳定的物质直接回收，用于生产再生产品；

（2）物质转换，即利用废物制取新形态的物质，如利用废玻璃和废橡胶生产铺路材料，利用炉渣生产水泥和其他建筑材料，利用有机垃圾堆肥等；

（3）能源回收主要包括：可燃性生活垃圾通过直接焚烧回收热能；易降解有机生活垃圾通过厌氧发酵技术回收可作为燃料的沼气。

38 生活垃圾源头削减有哪些主要措施?

最简单的垃圾减量措施就是在最开始便防止垃圾的产生。源头削减是减量化的根本之道，在产品的生产—消费—废弃全过程均可以采取必要措施实现生活垃圾源头削减：

（1）在产品制造阶段，从产品设计、材料使用、包装等方面均可以采取预防措施，从产品生产出来时便将其可能产生的垃圾量降至最低。对于生产企业而言，可以从产品设计阶段就考虑产品废弃后有用材料回收利用的问题，通过延长产品的使用寿命，使用环境友好的材料生产产品，并采用“绿色包装”等方式实现生活垃圾的源头削减。

（2）在产品使用阶段，消费者可以通过减少使用一次性用品和品质低、使用寿命短的产品来达到源头削减生活垃圾产生量的目的。

（3）在产品废弃阶段，消费者一方面可以通过旧物的捐赠、交换等形式实现旧物再利用，另一方面可以通过源头分类在减少生活垃圾的清运量和最终处置量的同时，使得生活垃圾中的有用物质便于回收。

39 生产者延伸责任对生活垃圾减量化有什么影响?

生产者延伸责任（EPR）指生产者应承担的责任，不仅在产品的生产过程之中，而且还要延伸到产品的整个生命周期，特别是废弃后的回收和处置。生产者延伸责任制度是从产品生产环节促进生活垃圾减量化的重要管理措施制度。生产者延伸责任制度的实施可以促使产品生产者在产品生产和设计环节采取有利于废物再生利用和减少废物产生量的措施，促进生活垃圾的源头减量。

生产者延伸责任包括以下内涵：

（1）产品的生产者对产品的设计、原料的使用具有控制权，因此包装废物回收、再生及处置应由生产者负责。生产者必须对产品的设计和原料的选择重新考虑，使其便于回收利用，降低环境影响。并在废物回收体系建设和再生利用技术开发等方面起主要作用。

（2）销售者可作为回收体系的重要环节，承担选择、回收和储存废物及收取费用、退还押金等责任。

（3）消费者作为垃圾的产生者，承担把废旧产品交给逆向回收点或指定地点的责任，并分担回收处理费用。

(4) 政府作为 EPR 制度的制定者和推动者，其责任是制定 EPR 法律制度及相关参数，对 EPR 进行政策支持和监督等。

小贴士：

生产者延伸责任（EPR）制度一般作为市场化回收再生体系的补充，适用于环境影响较大、产量增长迅速、缺乏回收再生商业潜力的废弃产品，如电子产品、包装物等。包装废物产生量大，回收成本高，国外 EPR 立法中往往把包装废物作为首先实施的对象。

40 什么是一次性用品的适度使用和回收？

一次性用品是伴随快节奏的现代社会生活而产生的只能使用一次的各类生活用品等。一次性用品范围很广，比如一次性饭盒、一次性筷子、一次性鞋套等，另外大部分的商品包装和一次性购物袋也属于一次性用品。一次性用品中，塑料制品占绝大多数。一次性用品不仅消耗大量的自然资源，而且导致生活垃圾产生量的增大。通过加大宣传力度，培养广大市民的环境意识，适度抑制一次性消费习惯，同时鼓励一次性用品尽量使用可回收、易降解材料，促进一次性用品的回收可降低生活垃圾的产生量。

41 包装废物的限制和回收对生活垃圾减量化有什么意义？

如果翻看一下我们家里的垃圾箱，可以发现我们产生的生活垃圾主要由两大类组成，即餐厨废物（或食品废物）和包装废物（包括各类饮料瓶、包装箱、塑料袋等）。包装废弃物污染在城市生活垃圾污染中占有较大的份额。有关资料统计显示，包装废物的产生量约占城市生活垃圾重量的1/3，体积的1/2。包装废物的减量化对生活垃圾减量化具有重要的贡献。

42 如何实现包装废物源头减量化？

包装废物源头减量的主要措施有实施绿色包装和限制过度包装。

绿色包装指对生态环境和人类健康无害，能重复使用和再生，符合可持续发展的包装。其不仅代表适度包装，更深层的含义是利用有利于回收、易降解的原材料，降低处理产品的难度，减少处理费用。

过度包装主要指包装的形式和价格都严重超出商品本身的需要、耗材过多、分量过重、体积过大、成本过高的

商品包装。过度包装主要表现为：结构过度，即包装层数、体积和保护功能过度；材料过度，即采用超过包装功能需要的实木、金属以及其他高价值包装原材料。大部分过度包装在一次性使用后失去再利用价值，在造成资源浪费的同时也导致包装废弃物的大量增加。

为了对市场上出现的一些现象进行控制，有效利用资源，减少包装废弃物带来的环境污染，国家质检总局和国家标准委于 2010 年 3 月 28 日发布了《限制商品过度包装要求　食品和化妆品》（GB 23350—2009）。其中规定超出适度的包装功能需求，其包装孔隙率、包装层数和包装成本超过必要程度的包装为过度包装。鼓励使用可循环再生、回收利用的包装材料；合理简化包装结构及功能，尽量避免包装层数过多、孔隙过大、成本过高的包装。

小贴士：

1977 年以来，美国 2 升软饮料的包装瓶的重量从 68 克减少到现在的 51 克。这一举措使得美国每年的塑料垃圾减少量达 1.14 亿千克。

43 厨余垃圾减量化的主要措施是什么？

厨余垃圾减量化的主要措施是净菜上市。狭义上的净菜上市主要指进入市场销售的蔬菜在产地经分拣、除泥、除烂叶、除须、清洗以及整理包装等加工操作制成的产品在城市市场销售，禁止销售未经处理的毛菜。广义上的净菜上市，还包括对蔬菜品质、包装、标识等方面的要求。

净菜上市主要包括以下管理环节：

（1）源头管理：从田间地头，即生产源头抓起，对蔬菜种植农户做好宣传教育、培训引导工作，使采收的蔬菜按蔬菜净菜标准进入市场销售。

（2）销售环节：建设相对较为集中的蔬菜一级交易市场，严格要求经销商按净菜标准采购运输销售蔬菜。

（3）消费环节：在生活中提倡适量点餐，不剩餐，剩餐打包，既符合中华民族勤俭节约的优良传统，也可以大幅度地减少厨余垃圾的产生。

小贴士：

据调查，每上市销售100千克蔬菜毛菜约产生5～10千克蔬菜垃圾，未经初加工的毛菜上市会导致城市大量蔬菜垃圾的产生。因此，净菜上市可大幅度减少城市垃圾，尤其是厨余垃圾的产生量，降低垃圾运输成本，同时减少高水分含量蔬菜垃圾进入城市垃圾处理系统。此外，净菜上市可使大量无法食用的蔬菜垃圾在产地直接回田循环利用，有利于保持土壤肥力。

44 从生活垃圾回收再生物质的关键是什么?

生活垃圾中可回收的再生材料种类繁多，主要包括塑料、金属、纸类、玻璃等。通过对生活垃圾可再生材料进行加工处理，可使之成为新的产品或原材料。从生活垃圾中回收再生物质对废物性质要求较高，混合废物的再生利用价值很低，产品市场非常小。例如：未经分类的混合垃圾堆肥化产品，往往品质较差，价格和销路都不是很好。从未经分类的混合垃圾回收有用物质，往往需要分选分离、清洗等过程后才能进行再生利用，无疑增加了回收利用的成本。因此，对生活垃圾材料再生的关键是分类，通过生活垃圾源头分类可以降低生活垃圾资源化的难度和成本，提高资源化产品的质量和再生利用的经济价值。

45 如何从生活垃圾中回收能源？

所有的有机物在分解过程中都会有热量产生，生活垃圾中含有大量有机物，可以根据生活垃圾组成的不同，采用不同的方式实现生活垃圾能量再生。生活垃圾的焚烧，厌氧发酵产沼气，以及厌氧型填埋场填埋气回收利用都是生活垃圾能量回收的方式。

焚烧是目前最主要的生活垃圾的能量回收方式，一般适用于含水率较低的生活垃圾。因此焚烧处理也需要对生活垃圾进行分类预处理。与从生活垃圾中回收有用物质不同，通过焚烧实现废物的能量再生对废物的性质要求相对较低，对垃圾分选技术要求较低，即使分离得不够干净或含有一些不可燃杂质成分也不会造成太大的影响。因此，通过焚烧等方式回收生活垃圾中的能量，是生活垃圾资源再生的一种有效方式。

目前我国采取的一些政策措施，如规定生活垃圾焚烧必须采用余热回收和对垃圾焚烧发电上网优惠等，都是为了促进生活垃圾的能量再生。除专用垃圾焚烧炉焚烧之外，生活垃圾的能量再生还可通过工业窑炉来实现，如在水泥窑、发电锅炉等设施中用垃圾替代燃料。采用这种方式进行垃圾能量再生，通常是将垃圾中的可燃物质（如塑料、纸类、秸秆、树枝等）进行分拣、处理，制造垃圾衍生燃料（RDF）用于工业窑炉燃烧产热。这样，垃圾中的能量就可以在工业设施中进行再生利用，而不用建设专用的焚烧发电装置。

垃圾厌氧发酵产沼气和厌氧型填埋场填埋气回收利用都是利用厌氧微生物分解生活垃圾中可降解生物质，从而产生可回收利用的生物燃气（甲烷）。除产沼气之外，厌氧发酵脱水残渣以及厌氧填埋场低含水率腐熟垃圾也可以进一步通过焚烧的方法回收能量。

46 旧物再利用对生活垃圾减量化有什么贡献？

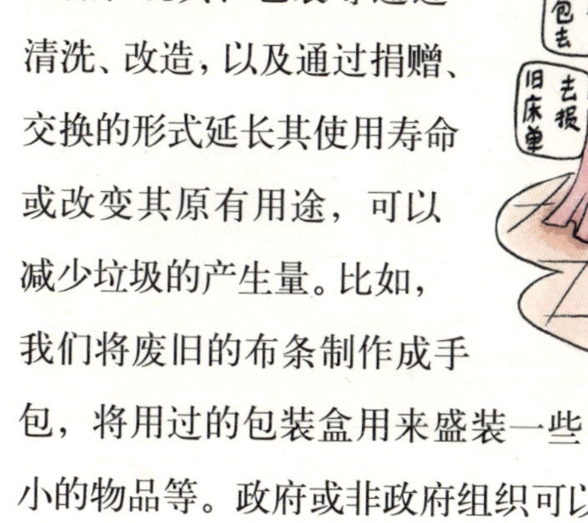

旧织物、家具、日常用品、玩具、包装等通过清洗、改造，以及通过捐赠、交换的形式延长其使用寿命或改变其原有用途，可以减少垃圾的产生量。比如，我们将废旧的布条制作成手包，将用过的包装盒用来盛装一些小的物品等。政府或非政府组织可以通过宣传、建立旧物交易市场或旧物交易信息平台等方式促进旧物再利用。

47 厨余垃圾资源化技术有哪些？

一般而言，厨余垃圾产生量可占城市生活垃圾产生量的 30% ~ 60%。厨余垃圾与其他城市垃圾混合后，处理难度较大。厨余垃圾主要是植物性和动物性食品残余物及其加工废物，具有高含水率、高有机物含量、易腐败的特

点，进入生活垃圾填埋场会造成极大的渗滤液处理负荷，也不适合直接焚烧处理。经分类后集中收集的厨余垃圾资源化利用价值较高。厨余垃圾资源化利用主要包括：堆肥处理生产有机肥或土壤改良剂、厌氧发酵制备沼气、高温消毒或生物处理后生产蛋白饲料、蚯蚓处理、生物发酵合成聚乳酸可降解性塑料、生物发酵制氢等。

48 包装废弃物资源化技术有哪些？

包装废弃物的资源化技术主要包括材料再生和能量再生。材料再生是指将包装废物进行材料再生后重新作为原材料投入生产线，如纸包装废弃物用于再生造纸或生产其他纸类产品；塑料类包装废弃物再生造粒用于生产各类塑料制品；玻璃类包装废弃物重复使用、用作玻璃制品的生产原料、用于生产建筑行业相关材料如马赛克、微晶玻璃仿大理石板等；金属类包装废弃物的综合利用途径主要是循环利用和再生作为原料等。对于混合的包装废弃物尤其是塑料类的混合包装废物，由于其分离成本过高，主要通过焚烧回收热能。

49 复合包装废弃物可以资源化利用吗？

复合包装是两种或两种以上的材料复合在一起，形成一体的包装，常见的有纸塑复合、铝塑复合、塑塑复合、纸塑铝复合和其他复合结构。复合包装主要用于食品、日用品等一次性外包装，如利乐砖牛奶包装。

由于复合包装往往为多种材料组成的，其再生利用和资源化较单一材料包装废弃物复杂，成本也较高，复合包装材料往往被认为缺乏回收价值。实际上，复合包装中含有大量高价值的纸、塑和金属材料，近年来国内外开发了大量的复合包装材料回收和资源化技术，主要包括：

（1）采用破碎、压实、团粒、熔融造粒等机械手段加工成与新料性能相同、相近或稍差的产品；

（2）采用水解、热解等物理化学手段对复合包装废物中的材料进行分离，回收材料单体或化工原料；

（3）通过焚烧方式从复合包装中回收不可燃材料，同时回收能量。

50 建筑垃圾的资源化技术有哪些？

建筑垃圾是指在新建、改建、扩建、维修、装修和拆除各类建筑物、构筑物、管网等过程中产生的渣土、弃土、弃料、余泥及其他废弃物。

建筑垃圾中主要包括建筑渣土、废砖、废瓦、废混凝

土、散落的砂浆和混凝土。此外还有少量的钢材、木材、玻璃、塑料、各种包装材料等。建筑垃圾经分选、破碎、筛分加工后，其中的废砖可直接再利用；钢材、木材、玻璃、塑料以及各种包装材料可用于生产再生材料；其他的废物也大多可以作为再生骨料资源重新利用，用于生产再生混凝土、再生砖等；剩余的建筑垃圾暂存后用于其他建筑工程的基础回填。

小贴士：

与实心黏土砖相比，同样是生产1.5亿块标砖，使用建筑垃圾制砖，可减少取土24万立方米，节约耕地约180亩。同时可消纳建筑垃圾40多万吨，节约堆放垃圾占地160亩，两项合计节约土地340亩。此外，在制砖过程中，还可消纳粉煤灰4万吨，节约标准煤1.5万吨，减少烧砖排放的二氧化硫360吨。

51 低碳生活与生活垃圾减量化有什么关系？

垃圾中的各种成分，在作为商品的一部分进行生产时都会消耗能源与资源，也就是会向大气中排放二氧化碳；而成为废物后，在对其进行处理处置的过程中，为防止和避免产生二次污染，也会消耗能源与资源，如焚烧烟气的

处理与控制，填埋场防渗系统的建设与渗滤液的处理，甚至生活垃圾的收集、运输和分选，都必须要能量驱动，也就是要产生二氧化碳；而无论是焚烧还是生物处理，垃圾中的有机物都将转化为二氧化碳。由此可以看出，生活垃圾的减量化会有效地减少碳排放，而减少生活垃圾的产生也是我们低碳生活的重要组成部分。

低碳生活可以从垃圾减量化做起：改变我们大吃大喝、食不厌精的习惯，既可以有益于我们的身体，减少肥胖和“三高”的发生，又可以减少剩饭、剩菜以及食物残渣的产生，垃圾中污染物质的产生量也就相应减少；少使用甚至不使用一次性塑料包装袋，不但可以有效地减少垃圾中塑料的含量，还可以唤起我们对过去简朴生活的美好回忆；不去购买过度包装的商品，特别是不为面子、身份购买用包装体现奢华生活的奢侈品，尽量过俭朴的生活，我们的生活质量并不会由此而降低，但生活垃圾中的包装废物却会由此而减少。

52 垃圾收费如何能够促进生活垃圾减量化？

生活垃圾处理实际上是居民生活服务的一种形式，因此生活垃圾处理的费用也就是居民获得服务所应支付的费用。从另外一个角度看，环境保护的基本原则之一是“污染者治理”，今天这一原则往往表述为“污染者付费”，生活垃圾污染的初始产生源——生活垃圾产生者应承担垃圾处理费用。长期以来，生活垃圾的处理费用都是由城市政府财政支出，这种方式不能直接体现“产生者付费”的原则，同时也不能对减少生活垃圾的产生发挥有效的作用，不利于生活垃圾减量化。通过用户收费、产品收费、填埋税等收费政策促进垃圾产生者以及商品生产从源头上减少生活垃圾的产生量，是国外生活垃圾减量化的重要管理政策之一。

我国目前也正在稳步推进生活垃圾处理收费制度。2002 年 6 月，国家计委、财政部、建设部和国家环保总局联合发布了《关于实行城市生活垃圾处理收费制度促进垃圾处理产业化的通知》，对建立我国城市生活垃圾处理收费制度作出了具体规定。根据这一通知，对城市居民生活垃圾处理费，可以户或居民人数为单位收取；为充分体现“产生者付费”的原则和促进生活垃圾减量化，通知要求“具备条件的城市可以按照生活垃圾量计收垃圾处理费”。

由于生活垃圾产生量计量困难、征收成本较高，目前很少采用按生活垃圾产生量征收生活垃圾处理费，大多采用定额制，即以户或人数为计量依据征收固定额度的垃圾处理费。目前各地区对居民征收生活垃圾处理费的方式主要是两种：一种是将垃圾处理费附征于水、电、燃气等公用事业收费，按照居民消耗的水、电或燃气数量作为计算依据征收生活垃圾处理费；另一种是通过居民自治组织或者物业管理机构直接向公众收取垃圾处理费。

第四部分

生活垃圾的填埋

53 为什么需要生活垃圾填埋场?

对于未能进行回收利用以及焚烧处理的生活垃圾需要填埋处理。传统的填埋处理也称简易填埋，只是对垃圾进行土壤覆盖，对解决蚊蝇等卫生问题起到了一定的积极作用，但不能从根本上解决污染问题。为了防止垃圾填埋对环境造成污染，需要采用卫生填埋处理。由于垃圾填埋需要持续占地，还留下潜在的污染隐患，因此减少垃圾填埋量成为各国努力的方向。

54 生活垃圾的简易填埋有什么危害?

简易填埋会带来土地污染，生活垃圾堆放不仅占用土地，同时各类难以降解的化学物质还会对土壤造成污染；生活垃圾腐烂形成渗滤液会给地表水和地下水带来污染；生活垃圾腐败产生恶臭和填埋气体会带来空气污染。此外，由于垃圾引起的环境卫生问题如病菌、病毒的传播等也给居民健康造成威胁。生活垃圾简易填埋的污染表现是一个长期的、缓慢的累积过程。生活垃圾通常没有显著的毒性和危害性，环境又有一定的污染承受和自净能力，因此生活垃圾简易填埋污染通常不会是急性的。但生活垃圾的污染是一种累积效应，随着生活垃圾的降解和进一步的累积，各种各样的污染问题最终都会显现出来。

55 什么是卫生填埋？

生活垃圾卫生填埋要求对填埋场场地进行工程化防渗，有完善的垃圾渗滤液收集处理系统，填埋气体得到有效地收集和利用，生活垃圾填埋日常运行管理规范，对周围环境的影响得到有效控制。填埋场按垃圾堆体与空气的接触程度，可分为厌氧填埋、准好氧填埋和好氧填埋。保持垃圾填埋堆体处于厌氧状态的填埋称厌氧填埋，目前，我国的卫生填埋场基本上采用厌氧填埋。

目前，卫生填埋仍然是最常用的生活垃圾处理方法，具有成本低、处理量大、操作简便等特点，在世界上许多国家得到广泛应用。

卫生填埋场要满足规划选址标准、工程建设标准、工艺技术标准、操作运行标准和环境污染控制标准。

56 生活垃圾卫生填埋是怎样的发展趋势？

通过提高垃圾资源再生利用率，减少生活垃圾填埋总量，提高污染控制标准，减少生活垃圾填埋的污染，其中逐步减少有机垃圾的填埋，最终达到原生垃圾的零填埋是一项重要措施。

例如，进入 20 世纪 90 年代以后，美国实施了禁止庭院垃圾（Yard Waste）进行填埋处置的条例。1999 年，欧盟制定了垃圾填埋指南，提出了分阶段减少可生物降解有机垃圾填埋量的目标，在 2016 年将进入填埋场的有机物在 1995 年的基础上削减 65%。德国、奥地利、瑞士等国也都提出了各自的要求，进入填埋场的填埋物总有机碳（TOC）含量要小于 5%，这意味着填埋的垃圾基本上就是灰渣。

57 我国采用填埋方式处理生活垃圾的现状如何？

根据 2009 年的统计数据，2009 年生活垃圾的清运量为 15 734 万吨，我国 654 座城市卫生填埋场的数量达到 447 座，日处理能力达到每天 27.6 万吨，全年处置垃圾累计达 8 898 万吨，卫生填埋处置量占到 56.6%；此外，还有 4 502 万吨的生活垃圾进行简易填埋处理，占 28.6%。由于经济、技术以及管理方面的原因，我国现行生活垃圾填埋场不同程度地存在二次污染，对周围的水体、大气和土壤也造成了不同程度的影响。

58 生活垃圾卫生填埋场有哪些设施?

生活垃圾卫生填埋场工程主要包括场区道路、防渗工程、雨水导排、渗滤液收集和处理、填埋气体收集处理和利用、封场覆盖系统、环境污染控制与环境监测设施、填埋作业机械设备等。

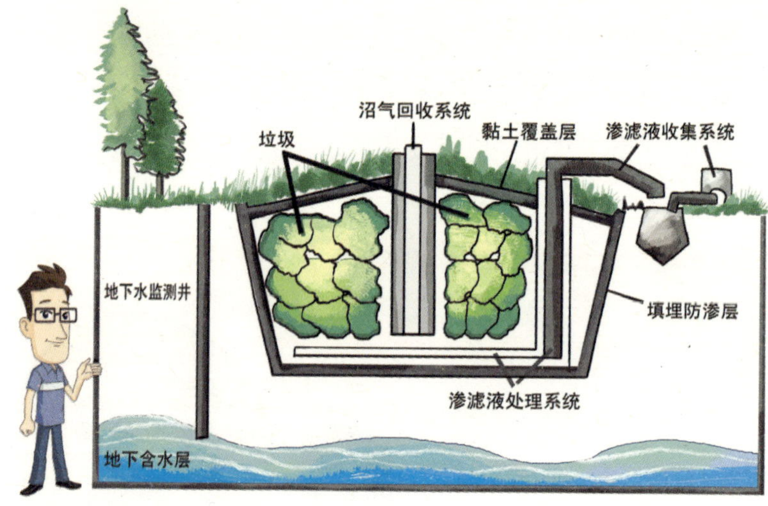

59 生活垃圾卫生填埋场运行对环境有何影响?

生活垃圾卫生填埋场运行时主要会产生大气污染和水污染。

大气污染物主要是温室气体和臭气，主要来自填埋气体的外泄。减少填埋场的大气污染主要是加强填埋场的覆盖和填埋气体的收集，另外还可以通过控制进入填埋场的垃圾成分来减少臭气的产生。填埋气体收集后可通过设置填埋气体火炬或对填埋气体进行利用来有效控制其污染和危害。

水污染主要来自填埋场渗滤液，填埋场防渗层失效或渗漏，渗滤液没有处理或处理不达标都可能造成水污染。需要严格监控填埋场周围地下水的水质情况，同时做好雨水疏导和渗滤液收集处理工作。

60 生活垃圾卫生填埋场选址主要考虑哪些因素？

生活垃圾卫生填埋场的选址主要从社会、环境、工程和经济等方面因素来考虑。

◆社会因素：

（1）要同时满足国家和地方的所有法规和标准，如《环境保护法》、《固体废物污染环境防治法》、《城市生活垃圾处理及污染防治技术政策》、《生活垃圾卫生填埋处理工程项目建设标准》等；

（2）要征得地方政府和公众的同意，可通过环境影响评价制度中的社会调查程序以及项目建设听证会形式听取地方政府和公众的意见；

（3）要避开物种保护区、自然保护区、风景名胜、古迹、研究考察区、军事和保密区等。

◆环境因素：

（1）避开洪泛区、航道、饮用水水源，填埋场底部高于地下水水位，卫生填埋场距离河流和湖泊宜在 50 米以上；

（2）尽量避开人口密集区、公园和风景区，卫生填埋场距离居民区或人畜供水点 500 米以上，并保证在当地气象条件下对附近居民区大气环境不产生影响，宜选取城市常年风向的下风向位置；

（3）要与城市总体规划、封场后的景观恢复和土地处置相协调。

◆工程因素：

(1) 保证容积足够，卫生填埋场使用年限10年以上，特殊情况下不小于8年；

(2) 地质条件良好，避开地震区、海浪影响区、湿地和低洼地、山洪区等危及安全的区域；

(3) 确保取土和弃土地点，减少施工中的运输量。

◆经济因素：

在符合有关法规和保证环境安全的前提下，靠近垃圾产生源，减少运输、施工、运行和征地费用。

61 哪些垃圾不能进入卫生填埋场？

严禁混有下列物质的生活垃圾进入生活垃圾卫生填埋场：

（1）有毒工业制品及其残弃物；

（2）有毒试剂和药品；

（3）有化学反应并产生有害物质的物质；

（4）有腐蚀性或有放射性的物质；

（5）易燃、易爆等危险品；

（6）生物危险品和未经处理的医疗垃圾；

（7）其他严重污染环境的物质。

为了保证以上物质不进入填埋场，应定期组织对入场垃圾进行抽样检查。

62 生活垃圾卫生填埋场如何做好防渗工程？

天然材料防渗：黏土、膨润土。

人工材料防渗：土工膜通常为高密度聚乙烯膜（HDPE）和膨润土防渗卷材（GCL）。

防渗工程的作用是将填埋场内外隔绝，防止渗滤液进入地下水，阻止场外地表水和地下水进入填埋体，以减少渗滤液产生，同时也有利于填埋气体的收集。防渗可分为天然防渗和人工防渗。天然防渗指利用填埋场选址处的天然防渗层进行防渗，不具备天然防渗层的填埋场需要进行人工防渗。

在垃圾处理工程中高密度聚乙烯膜（HDPE）是应用最广泛的防渗材料，作为填埋场衬垫（第一层和第二层）、填埋场封场、污水池衬垫、废水处理设施、沟渠衬垫、浮动覆盖和储水池衬垫等，它具有的防渗性能约为同厚度压实黏土层的10万倍。

HDPE膜的特征和优点有：化学性质稳定、耐高低温、耐油、耐酸碱盐等80多种化学物质腐蚀、抗老化、抗紫外线、抗分解、机械强度高、成本低效益高、施工速度快、环保无毒性。

依据《生活垃圾卫生填埋技术规范》（CJJ 17—2004），要求用于场底和边坡防渗的HDPE膜厚度不小于1.5毫米。《生活垃圾卫生填埋场封场技术规程》要求用于封场覆盖系统的土工膜最小厚度为1.0毫米。

63 什么是垃圾渗滤液？有什么危害？

垃圾渗滤液简单地说就是从垃圾里渗出来的水。生活垃圾在填埋和堆放过程中，会有大气降水（雨和雪）落在垃圾上，另外垃圾自身带有水分，垃圾里的有机物质发生生物化学分解也会产生水，以上这些水淋溶过垃圾之后便成为污水，也称为垃圾渗滤液。

垃圾渗滤液的污染物种类多，浓度高，如COD浓度高达城市污水数百倍；色度呈黑褐色；有浓烈的臭味。防渗工程没有做好或渗滤液收集后处理不当将引起严重的土壤、地下水、地表水污染。

另外，填埋场的渗滤液水质还随垃圾填埋的时间而改变，以上特点造成渗滤液治理的难度大，投资费用高，治理成本高。

64 如何减少垃圾渗滤液?

一是做好垃圾堆体上端防渗覆盖，不断缩小汇水面积，使得雨水通过垃圾堆体的量减少，以达到减少垃圾渗滤液的目的。

二是改变填埋垃圾的成分，也可减少垃圾渗滤液的产生，如减少有机成分的填埋等。

65 如何处理渗滤液？

目前通常采用的工艺路线是：“预处理 + 生化处理 + 深度处理”。生化处理原理是采用高浓度的微生物将污水中的大部分有机污染物降解掉，期间要给微生物提供良好的生长环境，比如合适的温度、氧气，合理的营养配比（C、N、P 等）等，生物降解后的污水，再进行深度处理，主要去除污水中的难降解污染物，用现代科技产品——膜处理技术（纳滤和反渗透）进行过滤，将污染物截留。最终保证排出去的水达标。

66 什么是填埋气体?

填埋气体是生活垃圾填埋后，在填埋场内被微生物分解，产生的以甲烷和二氧化碳为主要成分的混合气体，LFG 为填埋气体的英文缩写（Landfill gas）。根据填埋垃圾的来源和组成不同，填埋气体中含有 30% ~ 55%体积比的甲烷（CH_4），含有 30% ~ 45%体积比的二氧化碳（CO_2），此外还含有少量的空气和其他微量气体。

填埋气体中的甲烷是一种易燃易爆的气体。由于甲烷爆炸时需要与空气混合，占到空气中的 5% ~ 15% 才会发生爆炸，因此在封闭的填埋场内几乎没有爆炸的危险。但是，当填埋气体通过土壤的孔隙转移到填埋场以外，并与空气混合时，就有可能发生爆炸。填埋气体还含有微量的氨、一氧化碳、硫化氢、多种挥发性有机物等物质，会产生恶臭问题和空气污染。填埋气体的两种主要成分（甲烷和二氧化碳）都属于温室气体。但根据联合国政府间气候变化专门委员（IPCC）相关规定，未经过处理的填埋气体中二氧化碳为生物质分解的结果，属于自然碳循环的一部分，不计入温室气体。填埋气体中甲烷被列入大气温室气体清单。

67 填埋气体如何回收利用?

1 立方米填埋气体相当于大约 0.5 立方米天然气或者是 0.5 升燃油的热值，即未经处理的填埋场气体热值是 27.8 ~ 30.5 兆焦 / 千克，具有很高的燃料回收价值。填埋气体常用方式是直接燃烧发电，也可以通过提纯后用作管道天然气或汽车燃料等。

68 为什么填埋场要点燃火炬?

甲烷是一种碳氢化合物，是天然气的主要成分，也是一种“温室气体”。甲烷是仅次于二氧化碳的对气候变化有重大影响的第二大常见温室气体，它将热量保留在大气中的效力是同体积二氧化碳的 21 倍。甲烷目前占人类活动所产生的全球温室气体排放的 16%。填埋场是世界第三大人为（人类引发的）排放源，占全球甲烷排放量的 12%。填埋场一般要设置火炬，它的作用是将未能利用的填埋气体燃烧，减少温室气体排放，也降低填埋气体对周围环境的影响。

69 填埋场的垃圾发生了什么变化?

垃圾填埋场的稳定化过程通常分为五个阶段，即初始调整阶段、过渡阶段、酸化阶段、甲烷发酵阶段和成熟阶段。

(1) 初始调整阶段。垃圾填入填埋场内即进入初始调整阶段。此阶段内垃圾中易降解组分迅速与堆体孔隙中的氧气发生好氧生物降解反应，生成二氧化碳（CO_2）和水，同时释放出一定的热量。

(2) 过渡阶段。此阶段垃圾堆体内氧气被消耗殆尽，填埋场内开始形成厌氧条件，垃圾降解由好氧降解过渡到兼性厌氧降解。此阶段垃圾中的硝酸盐和硫酸盐分别被还原成氮气（N_2）和硫化氢（H_2S），渗滤液 pH 值开始下降。

(3) 酸化阶段。当填埋场中持续产生氢气（H_2）时，意味着填埋场稳定化进入酸化阶段。在此阶段对垃圾降解起主要作用的微生物是兼性和转性厌氧细菌，填埋气的主要成分是二氧化碳（CO_2）；渗滤液的 COD、挥发性有机酸 VFA 和金属离子浓度继续上升并达到最大值，此后逐渐下降；pH 继续下降到达最低值，此后逐渐上升。

(4) 甲烷发酵阶段。当填埋场氢气含量下降达到最低点时，填埋场进入甲烷发酵阶段，此时产甲烷菌把有机酸以及氢气转化为甲烷。渗滤液的有机物浓度、金属离子浓度和电导率都迅速下降，可生化性下降，同时 pH 值开始上升。

（5）成熟阶段。当填埋场垃圾中易生物降解组分基本被降解完后，垃圾填埋场即进入成熟阶段。此阶段由于垃圾中绝大部分营养物质已随渗滤液排除，只有少量微生物对垃圾中的一些难降解物质进行降解。此时 pH 维持在偏弱碱状态，渗滤液可生化性进一步下降，渗滤液浓度已经很低。

判断填埋场稳定化的主要指标有填埋场表面沉降速度、渗滤液水质、填埋气体释放的速率和组分、垃圾堆体的温度等。

70 什么是垃圾填埋场的封场？

垃圾填埋场作业至设计标高或垃圾堆放场不再受纳垃圾而停止使用时，需要做封场处理。填埋场封场工程包括地表水径流、排水、防渗、渗滤液收集处理、填埋气体收集处理、堆体稳定、植被类型及覆盖等内容，具体要求按照《生活垃圾卫生填埋场封场技术规程》（CJJ 112—2007）执行。封场的目的是通过填埋场表面的修筑来减少侵蚀并最大限度地排水。

71 封场后的垃圾填埋场就可以不管了吗?

填埋场封场工程竣工验收后，一般要定期检查维护设施，对地下水、渗滤液、填埋气体、大气、垃圾堆体沉降及噪声进行跟踪监测，保持渗滤液收集处理和填埋气体收集处理的正常运行，在未经专业技术部门鉴定之前，填埋场地禁止作为永久性建（构）筑物的建筑用地。

72 填埋场封场后土地如何利用?

垃圾填埋场在封场后，一般需要监管维护 10 年以上。封场后的填埋场一般用作公园绿地，包括高尔夫球场和运动场等。

第五部分
生活垃圾焚烧

73 什么是焚烧处理?

焚烧就是烧掉、烧毁；在燃烧过程中，把可燃的物质都烧完了，化成灰烬。焚烧处理是利用高温氧化作用处理生活垃圾——将生活垃圾在高温下燃烧，使生活垃圾中的可燃废物转变为二氧化碳和水等，焚烧后的灰、渣仅为生活垃圾原体积的 20% 以下，从而大大减少了固体废物量，还可以消灭各种病原体。

重庆同兴垃圾焚烧发电厂

重庆同兴垃圾焚烧发电厂，是西南地区第一座现代化的大型垃圾焚烧发电厂，在中国是第一个以 BOT 方式运作的垃圾焚烧发电项目，也是中国首座采用具有领先水平的国产化炉排的垃圾焚烧发电厂。

该项目于 2005 年 3 月 28 日投产，采用德国马丁 SITY2000 逆推倾斜炉排技术，项目日处理垃圾能力为 1 200 吨，是高水分、低热值生活垃圾焚烧发电项目的典范。投产以来，一直运行稳定，各项经济技术指标均达到设计目标。

74 欧洲焚烧处理现状如何?

目前欧洲各国普遍加强垃圾焚烧处理，欧盟的废物管理最高法令也明确支持和鼓励对垃圾进行能源回收（以焚烧为主）。1996—2007 年，欧盟成员国垃圾填埋量不断减少，而焚烧量却呈上升趋势。据统计，2006 年欧洲主要国家总人口为 5.78 亿，生活垃圾产生总量约为 2.97 亿吨，生活垃圾焚烧发电（供热）厂达到 425 座，垃圾焚烧处理量约 6 362 万吨 / 年，比 2001 年增加了 20%。

欧洲垃圾焚烧厂数量及处理量

国家	焚烧厂数量 / 座		焚烧处理量 /（万吨 / 年）	
	2004 年	2006 年	2004 年	2006 年
挪威	21	20	54	80
瑞典	29	30	318	410
芬兰	1	1	5	5
英国	15	19	317	330
荷兰	12	11	536	550
丹麦	30	29	340	350
波兰	1	1	4	5
比利时	18	16	230	250
德国	61	66	1 388	1 740
捷克	3	3	40	40
斯洛伐克	0	2	0	20
法国	130	128	1 200	1 230
卢森堡	1	1	12	12
奥地利	7	8	140	170
匈牙利	1	1	16	40
瑞士	29	29	314	360
意大利	48	47	400	450
葡萄牙	3	3	106	110
西班牙	11	10	178	210
总计	421	425	5 598	6 362

从上表还可以看出，虽然有些国家的焚烧厂数量有所减少，但是焚烧处理能力却在增加。

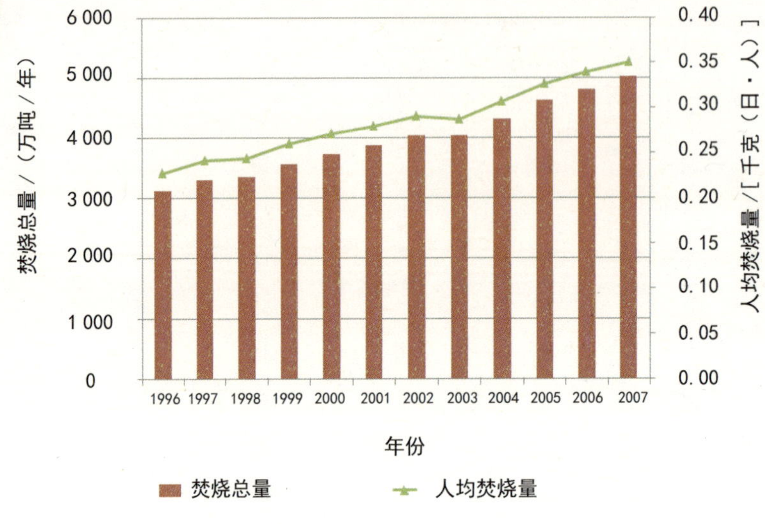

欧盟 15 国（EU15）垃圾焚烧量变化图

从上图可以看出，欧盟各国人均垃圾焚烧量基本呈逐年递增的趋势。据统计，1995 年 EU−27 人均垃圾焚烧量为 65 千克 /（年 · 人），2006 年达到 98 千克 /（年 · 人），除了比利时和卢森堡，其他各国平均增长了 50%。英国和法国经过焚烧厂重建后，垃圾焚烧量再次出现递增趋势。德国是欧洲各国中较早开发垃圾焚烧发电（供热）技术的国家，也是焚烧垃圾量最大的国家。2004 年，德国焚烧发电（供热）厂年处理能力为 1 388 万吨，到 2010 年预计达到 1 820 万吨，年增长 5.2%。德国 2005—2010 年垃圾焚烧发电（供热）厂的数量和处理量见下表。

2005—2010 年德国垃圾焚烧发电（供热）厂变化趋势

年份	垃圾焚烧厂数量 （包括热电联产）/ 座	平均处理量 / （万吨 / 年）
2005	7	58
2006	14	158
2007	28	321
2008	31	465
2009	33	576
2010	37	613

75 美国焚烧处理现状如何?

在美国，垃圾焚烧在垃圾处理系统中一直占有一席之地，美国全国垃圾焚烧处理率一直在14%左右。2007年，美国共有87座垃圾焚烧发电（供热）厂，分布在26个州，焚烧炉共220台，总规模为93 943吨／日，共处理垃圾2 870万吨，装机总容量为2 720兆瓦，年发电量为170亿度。美国的焚烧处理能力是中国的2倍，集中在东北部经济发达地区。

美国垃圾产生量及处理情况统计表

序号		1960年	1970年	1980年	1990年	2000年	2003年	2004年	2005年
1	产生量	88.1	121.1	151.6	205.2	237.6	240.4	247.3	245.7
2	总回收量	5.6	8.0	14.5	33.2	69.1	74.9	77.7	79.0
2.1	回收材料	5.6	8.0	14.5	29.0	52.7	55.8	57.2	58.4
2.2	堆肥	—	—	—	4.2	16.5	19.1	20.5	20.6
3	焚烧量	0	0.4	2.7	29.7	33.7	33.7	34.1	33.4
4	填埋量	82.5	112.7	134.4	142.3	134.8	131.9	135.5	133.3
5	焚烧处理率			1.8%	14.5%	14.2%	14.0%	13.8%	13.6%

76 日本焚烧处理现状如何?

在日本，垃圾焚烧处理量一直是居高不下，东京的中央焚烧厂距离日本皇宫仅 3.5 千米；日本皇宫周边 7 千米范围内有 7 座垃圾焚烧发电厂。

从 20 世纪 60 年代起，日本就开始大规模建设焚烧厂，达到使用年限之后需要关闭的垃圾焚烧厂绝大多数是早期建设的小型垃圾焚烧厂，由污染控制水平更高的大型垃圾焚烧厂所替代。

20 世纪 90 年代，为了更好地加强垃圾焚烧厂污染控制，日本对垃圾焚烧设备及烟气处理设备进行升级换代，焚烧在生活垃圾处理中仍占据主体地位。虽然日本的垃圾焚烧厂数量减少，但是焚烧处理总量并未明显减少。

近几年，日本垃圾焚烧总量略有减少，主要是垃圾分类回收和减量化的推行，造成垃圾清运总量在减少。

日本垃圾产生量及处理情况统计表

单位：万吨

	1970 年	1975 年	1980 年	1985 年	1990 年	1995 年	2000 年	2005 年
垃圾产生量	2 810.4	3 181.6	4 393.5	4 345.0	5 044.2	4 989.9	5 209.0	5 161.0
直接焚烧量	1 553.4	1 838.9	2 509.0	2 933.5	3 667.6	3 804.8	4 030.4	4 030.7
中间处理及资源化	318.5	449.9	346.5	316.2	372.1	613.1	870.3	945.8
直接填埋量	938.5	892.8	1 538.1	1 095.3	1 004.4	572.1	308.4	184.5
减量处理率	66.6%	71.9%	65.0%	74.8%	80.1%	88.5%	94.1%	96.4%
焚烧减量率	55.3%	57.8%	57.1%	67.5%	72.7%	76.3%	77.4%	78.1%
资源化减量率	11.3%	14.1%	7.9%	7.3%	7.4%	12.3%	16.7%	18.3%
直接填埋率	33.4%	28.1%	35.0%	25.2%	19.9%	11.5%	5.9%	3.6%

6 000
5 000
4 000
3 000
2 000
1 000
0
垃圾量 / 万吨
1970
1975
1980
1985
1990
1995
2000
2005
年份
其他
填埋
焚烧

足立
板橋
板橋区
北
足立区
葛飾
北区
光が丘
練馬
練馬区
豊島区
豊島
荒川区
葛飾区
文京区
台東区
中野区
墨田区
墨田
杉並区
新宿区
江戸川区
千代田区
杉並
渋谷区
中央区
江東区
江戸川
千歳
渋谷
港区
中央
世田谷区
目黒
新江東
有明
港
世田谷
目黒区
品川区
中防
埋立処分場
品川
大田区
多摩川
大田第二
大田
京浜島

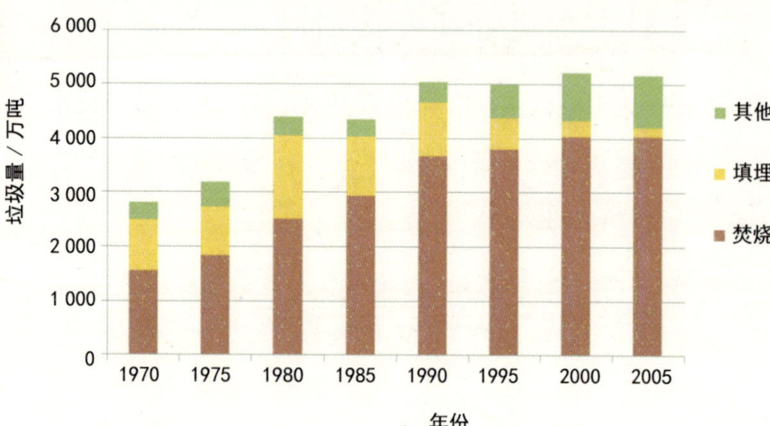

东京垃圾焚烧厂分布图

总的来看，日本垃圾处理都以焚烧为主，垃圾分类回收在逐步加强，填埋处理量在逐步减少。

2006 年，东京的 23 个垃圾焚烧厂有 22 座都在正常运转，只有世田谷清扫工厂正好使用了 30 年，没有运转。

77 新加坡焚烧处理现状如何？

新加坡的垃圾处理政策是“发展与维持足够的焚烧厂以焚烧全部可以焚烧的垃圾，发展与维持足够的填埋场以处理全部不可焚烧的垃圾和焚烧后的灰烬”，新加坡实行的是全量焚烧、灰渣填埋的垃圾处理方式。新加坡现有 4 座垃圾焚烧发电厂、1 座垃圾填埋场及 1 座与之配套的海

上转运站，分别位于其北部、中部、西部偏南和南部海岛，除最早建设的乌鲁班丹焚烧发电厂距居民区 2 千米外，其他处理厂（场）均距居民区 10 千米外。实马高垃圾埋置场主要填埋新加坡 4 座焚烧发电厂焚烧后的灰烬，以及不可焚烧的工业、建筑废料，预计可使用至 2045 年。大士南垃圾焚烧发电厂全负荷垃圾处理能力为 3 000 吨／日，为目前全球规模最大，年生产电力 9.81 亿千瓦时，占新加坡全部电力需求的 2% ~ 3%。

78 我国垃圾焚烧处理的现状如何？

我国垃圾焚烧发电虽起步较晚，但发展迅速。1988年深圳建立了我国第一座引进日本三菱马丁进口设备和技术的垃圾发电厂——深圳市政环卫综合处理厂（日处理垃圾 3×150 吨，装机容量 4 兆瓦）。随后珠海、上海浦东和浦西、宁波、杭州、温州、苏州、常州、重庆、成都、广州、福州、厦门、天津和北京等多个城市的垃圾焚烧发电厂相继建成投产，2010 年全国已建和在建的垃圾焚烧发电（供热）厂已经超过 170 座。

79 什么是热值？生活垃圾能燃烧吗？能燃烧彻底吗？

单位质量（或体积）的燃料完全燃烧时所放出的热量，即 1 千克（或 1 立方米）某种固体（气体）燃料完全燃烧放出的热量称为该燃料的热值。

随着我国国民经济的不断发展，人民生活水平的不断提高，日常生活垃圾的热值不断提高。目前生活垃圾的热值水平相当于普通煤炭的1/4，热值在4 200千焦/千克左右，稳定燃烧过程中可以完全不需要添加煤、油或天然气等辅助燃料而熊熊燃烧，现在国内的机械炉排炉，都比较成熟，均能彻底焚烧生活垃圾，且焚烧后的残渣是一种密实的、不腐败的无菌物质。

80 焚烧处理有什么好处？1吨生活垃圾能发多少电？能减少多少二氧化碳的排放？

垃圾焚烧处理具有“减量化、资源化、无害化”的优点，而且焚烧处理设施占地较少，垃圾稳定化迅速，减量效果明显，生活垃圾臭味控制相对容易，焚烧余热可以利用，在安全无害高效处理生活垃圾的同时，还能

利用其焚烧所产生的余热进行发电（供热），符合循环经济的要求，是目前国际和国内普遍推崇的生活垃圾处理技术。

利用生活垃圾焚烧产生的余热发电，每年可向电网供电，实现废物资源化，并节省不可再生资源——煤、天然气或燃油，减少了二氧化碳的排放。据估算，国内炉排炉生活垃圾焚烧发电厂上网电量约为250～350 千瓦时/吨，每吨生活垃圾焚烧发电可节约标煤 81 ～ 114 千克、减排 202 ～ 283 千克二氧化碳。

81 什么样的城市适合选择垃圾焚烧处理方式？

随着我国城市化进程的加快和人民生活水平的提高，城市规模越来越大、城市人口越来越多，从而使得城市生活垃圾产量不断增加，城市垃圾围城危机日益严重。填埋、堆肥处理已经不能完全满足需求，况且堆肥对土壤的负影响较大，大部分垃圾填埋场也已处在即将填满而要重新选择填埋场地的情况，由于土地紧缺和环境的要求，在不同的城市根据实际情况发展垃圾焚烧发电（供热）技术，对垃圾进行无害化处理就显得更加迫切。

根据经济发展的需要和实际情况，GDP 不高的地区偏向于继续采用填埋的方式，但前提是要有足够的土地作

为填埋垃圾之用。在比较发达地区和城市，随着城市人口的不断增加，适合采用焚烧处理方式，因为可以节省土地资源，进行无害化处理。

82 焚烧处理技术主要有哪些？

目前主流的垃圾焚烧处理技术主要有两种：一种是机械炉排炉技术，另一种是循环流化床技术。

（1）机械炉排炉技术。根据我国的相关技术政策“垃圾焚烧目前宜采用以炉排炉为基础的成熟技术，审慎采用其他炉型的焚烧炉。禁止使用不能达到控制标准的焚烧炉”，机械炉排炉技术应是生活垃圾焚烧处理的主流技术。机械炉排炉技术的特点为：应用历史长久，技术成熟；垃圾不需要预处理，故障率低，年运行时间长，处理能力较大；稳定燃烧过程中不需要添加辅助燃料，飞灰产生量较少。该技术在国外和国内都有广泛的业绩，为全球垃圾焚烧处理行业绝大多数企业采用。

(2) 循环流化床技术。该项技术在垃圾焚烧处理领域的应用时间较短，目前还处于技术探索期。目前国内的循环流化床运行时需要消耗不可再生的煤，并且对煤块的颗粒大小有一定要求，必须先将煤块加工破碎后才能由给煤设备送入炉膛。同时由于其技术特点，循环流化床在垃圾焚烧处理前需要对垃圾进行分选、破碎等预处理，在预处理和厂内输送的过程中容易造成污水以及臭味的外泄，对环境造成二次污染。该技术在垃圾衍生燃料（RDF）和污泥等焚烧处理方面更具有适应性，加煤不能超过 30%。

83 焚烧热能如何利用？

生活垃圾中存在大量的可燃物，利用生活垃圾代替煤作为燃料，在焚烧炉内进行燃烧、发出热量并产生蒸气，既可以发电，也可以热电联产或直接供热。对生活垃圾采用焚烧发电（供热）的方式，不但处理了生活垃圾，而且还节约了国家的不可再生资源——煤或燃油，同时弥补了我国电力的不足。

84 生活垃圾焚烧系统主要包括哪些单元？

垃圾运输车称重后通过垃圾卸料门将垃圾倾倒于垃圾储坑中。垃圾在垃圾储坑中存放几天脱去一定的渗滤液水分后，用垃圾起重机送至焚烧炉的给料平台。经过进料斗及溜槽后，垃圾被给料器推到机械炉排上进行干燥、着火、燃烧、燃尽。垃圾燃尽后剩下的炉渣经落渣口进入推式除渣机。冷却后的炉渣经除渣机送至渣坑，经过炉渣起重机装车后送出进行炉渣综合利用。

垃圾燃烧生成的烟气进入锅炉，与锅炉中的水进行充分的热交换，产生的蒸气进入汽轮发电机组产生电能（也可以热电联产或直接供热）。除了垃圾焚烧发电厂自用电外，剩余电力全部并入电网进入千家万户和各行各业。

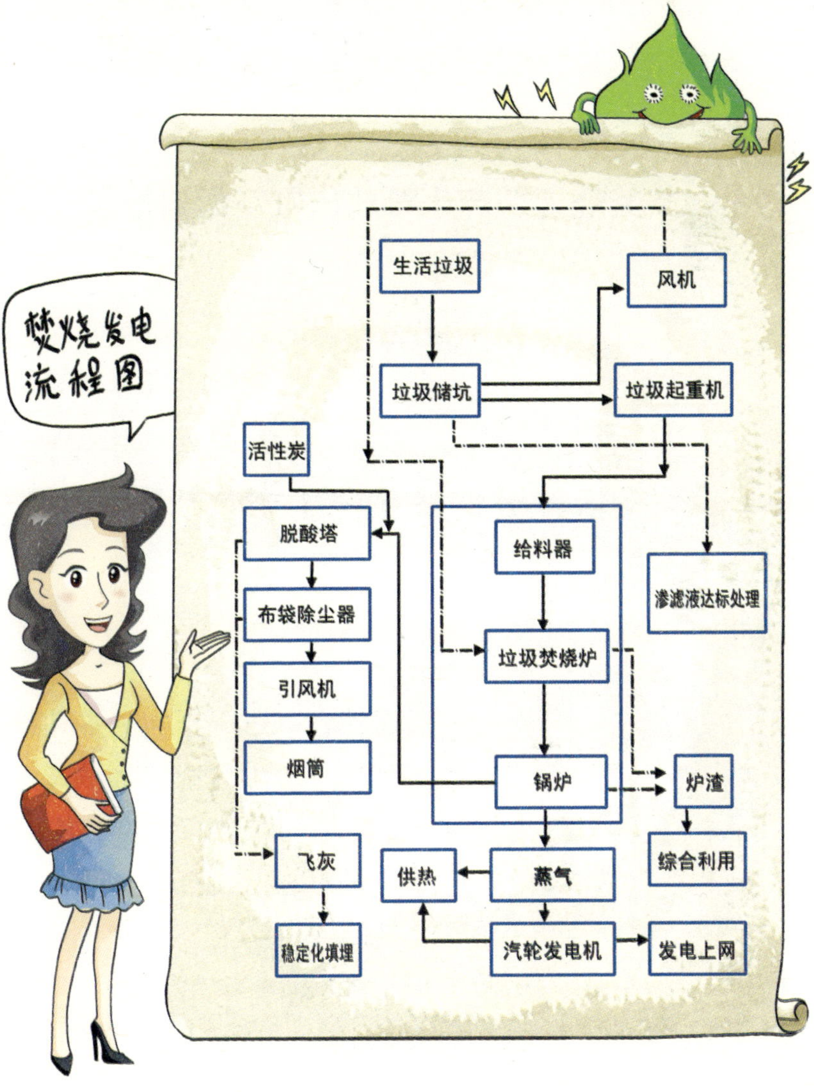

锅炉出来的烟气经过烟气净化系统处理达标后，经引风机抽出，通过烟囱排向大气。布袋除尘器等收集下来的飞灰及烟气处理系统的残余物经稳定化固化处理达标后，送至指定地点填埋。

垃圾在储坑内脱出的渗滤液进入渗滤液收集池，经泵送至渗滤液处理装置进行达标处理。

85 焚烧处理产生哪些废气？如何控制？

生活垃圾焚烧的烟气控制系统标准远比燃煤锅炉、燃油锅炉、焦化炉严格。

生活垃圾焚烧发电（供热）厂排放的废气主要来自于焚烧炉所产生的烟气，所含的主要污染物为粉尘、氯化氢（HCl）、二氧化硫（SO_2）、氮氧化物（NO_x）、一氧化碳（CO）、氟化氢（HF）、有机污染物、二噁英及重金属等。通过计算机控制系统可实现垃圾焚烧、热能利用、烟气处理等过程的高度自动化，使焚烧系统在额定工况下运行，从而使原始排放物浓度降到最低。烟气经过烟气净化系统处理后通过烟囱排入大气前，使用烟气在线监测仪连续监测每条焚烧线的烟气排放指标，确保垃圾焚烧发电（供热）厂烟气达标排放。

86 焚烧处理产生哪些废渣？如何处置？

（1）炉渣：生活垃圾在焚烧炉中经高温焚烧，使生活垃圾中各种成分得到彻底的氧化、分解和钝化而成为炉渣，其组成主要为玻璃、金属和各类无机物。

炉渣主要为生活垃圾燃烧后的残余物，其产生量视垃圾成分而定，主要成分为氧化锰（MnO）、二氧化硅（SiO_2）、

氧化钙（CaO）、三氧化二铝（Al_2O_3）、三氧化二铁（Fe_2O_3）、废金属，以及少量未燃尽的有机物等，根据《生活垃圾焚烧污染控制标准》（GB 18485—2001）规定："焚烧后的炉渣按一般固体废物处理。"垃圾焚烧产生的炉渣经过高温无害化处理，再经过磁选分离出废钢铁等废旧金属后，对炉渣进行综合利用，可用作铺路的垫层、填埋场覆盖层的材料和制作免烧砖等，炉渣综合利用率可达98%，不能综合利用部分送至填埋场填埋。

（2）飞灰：烟气净化系统收集的粉尘（飞灰）含有二噁英及重金属等有害物，根据《生活垃圾焚烧污染控制标准》（GB 18485—2001）规定："除尘飞灰按危险废物处理。"

飞灰属于危险废物，必须单独收集，不得与生活垃圾、焚烧残渣等混合，也不得与其他危险废物混合。生活垃圾焚烧飞灰不得在产生地长期储存，不得进行简易处置，不得排放。生活垃圾焚烧飞灰产生地必须进行必要的稳定化固化处理，稳定化固化处理之后方可运输，运输需使用专用运输工具。采用密闭收集和输送的方式输送至飞灰储仓，经浸出毒性试验合格后送至填埋场填埋。

87 什么是二噁英？

二噁英实际上是二噁英类的一个简称，它指的并不是一种单一物质，而是结构和性质都很相似的包含众多同类物或异构体的两大类共210种化合物，这类物质非常稳定，熔点较高，极难溶于水，可以溶于大部分有机溶剂，是无色无味、毒性严重的脂溶性物质，所以非常容易在生物体内累积。二噁英是燃烧过程中产生的污染物，垃圾露天焚烧或在填埋场垃圾自燃排放的二噁英，是同量垃圾经过现代化焚烧排放的很多倍；再生有色金属、炼钢、铁矿石焚烧、炼焦、遗体火化、铸铁生产、水泥生产、制浆造纸（含氯漂白工艺是形成二噁英的主要过程）等行业也产生了大量的二噁英；还有汽车尾气、香烟、烧烤、烟花爆竹、自然界中森林火灾和火山爆发等都能够产生二噁英，其实二噁英离我们并不遥远。目前，我们的环境中存在的二噁英主要来自于冶金、炼焦、石化等行业。

88 垃圾焚烧的烟气中为什么会有二噁英？

生活垃圾焚烧过程中，二噁英的生成途径包括以下几个方面：

（1）生活垃圾中本身含有微量的二噁英，由于二噁英具有热稳定性，尽管大部分经高温燃烧得以分解，但仍会有一部分燃烧后随烟气排出。

（2）燃烧过程中由含氯前体物生成二噁英，前体物包括聚氯乙烯（是经常使用的一种塑料）、五氯苯酚（是纺织品、皮革制品、木材、织造浆料和印花色浆中普遍采用的一种防霉防腐剂）等，燃烧中前体物分子通过重排、自由基缩合、脱氯或其他分子反应等过程会生成二噁英，这部分二噁英大部分经高温燃烧被分解。

（3）当燃烧不充分时，烟气中产生过多的未燃尽物质，在 300 ~ 500℃环境下，经高温燃烧已分解的二噁英遇到适量的触媒物质（主要为重金属，特别是铜）将重新生成。

垃圾焚烧处理过程中的二噁英是可以控制在安全的范围内的。

89 垃圾焚烧中二噁英的生成可以控制吗？

尽管焚烧可能产生二噁英，但只要控制燃烧的条件，比如让烟气在炉子里停留的时间长一些就可以大幅度减少二噁英的产生。

（1）选用符合国家标准《生活垃圾焚烧污染控制标准》（GB 18485—2001）的焚烧炉，控制燃烧温度，确保烟气在燃烧室内温度达到 850℃以上的区域停留时间不小于 2 秒，使二次燃烧的气体形成旋流，使燃烧更完全、更充分，从而使二噁英充分分解。研究表明，二噁英的生成和一氧化碳浓度有很大关系。运行中调节一、二次风量和配比，并通过二次风来加强扰动，使垃圾燃烧更加充分，即可控制烟气中一氧化碳的含量及二噁英的生成量。

（2）当烟气温度降到 300 ~ 500℃范围时，少量已经分解的二噁英将重新生成。因此，设计考虑尽量减小余热锅炉尾部的截面积，使烟气流速提高，以减少烟气从高温到低温过程的停留时间，从而减少二噁英的再生成。

90 二噁英的排放可以控制吗？

一是在烟气净化系统的烟道上布置活性炭导入装置，将比表面积大于700平方米/克的活性炭喷入烟气，以吸附二噁英。同时，布袋除尘器中，当烟气通过由颗粒物形成的滤层时，含尘烟气中残存的微量二噁英仍能被滤层中未反应的 $Ca(OH)_2$ 或 CaO 粉末、活性炭粉末等所组成的粉饼层过滤和吸附而得到进一步净化。

二是选用高效布袋除尘器，采用高效滤料，将附有二噁英的飞灰过滤收集后，用“螯合剂+水泥+水”进行稳定化处理。

91 垃圾焚烧处理厂有臭味吗？如何控制恶臭？

生活垃圾中有机物的腐烂分解，不可避免地将产生恶臭污染。恶臭污染源主要来自进厂的原始垃圾，垃圾运输车在卸料过程中和垃圾堆放在垃圾储坑内散发出带恶臭的气体，其主要成分为硫化氢（H_2S）、氨（NH_3）等。

为了控制焚烧厂产生的恶臭，可以采取以下措施：

（1）垃圾本身是有臭味的，因此不排除运输沿路有臭味，针对这方面，主要是采用密闭性、具有自动装卸结构的运输车来运输垃圾，尽量减少臭味外溢。

（2）垃圾运输车进入车间后，通过卸料门将垃圾倾倒进垃圾坑中。垃圾卸料门为电动提升式，由专人控制，运

输车完成卸料后及时关闭，使垃圾坑密闭化。

(3) 垃圾卸料大厅总入口设置空气幕，以防止臭气外逸。

(4) 垃圾坑为密闭式，风机的吸风口设置于垃圾坑上方，使垃圾坑和卸料大厅处于负压状态，不但能有效地控制臭气外逸，同时又将恶臭气体作为燃烧空气引至焚烧炉，恶臭气体在焚烧炉内高温分解，气味得以清除。为避免臭气外逸，垃圾坑厂房为封闭厂房。

(5) 在厂区四周种植一定数量的高大乔木，减少影响。

(6) 为防止在全厂停炉检修期间，垃圾坑的臭气对周围环境的污染，坑内臭气经活性炭废气净化器净化后排至室外。定期对净化器出口的臭气浓度进行检测，当臭气出口浓度达到国标控制限值时，及时更换净化器内的活性炭，废弃的活性炭将与生活垃圾混合进入焚烧炉内进行高温焚烧处理。

(7) 渗滤液处理系统为密闭结构，顶部设导气管，产生的沼气以及臭气通过导气管、抽风机导入垃圾储坑。

第六部分

生活垃圾的生物处理

92 什么是生物处理？

生物处理是利用自然界中的生物，主要是微生物，将固体废弃物中的可降解有机物转化为稳定的产物、能源和其他有用物质的一种处理技术，实现生活垃圾的减量化、无害化、资源化。主要的生物处理技术包括好氧技术和厌氧技术。好氧技术以堆肥为代表，最终获得有机肥料；厌氧技术主要获得沼气等高热值产品，用来发电或者替代天然气、燃油使用。

93 哪些垃圾适合生物处理?

生物处理主要用于处理有机垃圾，也称生物质废物，主要包括厨余垃圾（剩饭剩菜、果皮、鱼刺等）、动植物残体（动物尸体、树皮、木屑、农作物秸秆）、动物粪便等。其他垃圾则不适合生物处理，如：纸制品（报纸、纸箱）、塑料制品、玻璃、金属，皮革、橡胶、衣物等；还有家庭清扫垃圾、油、涂料等也不适于生物处理。总之，能用于生物处理的垃圾要“易腐烂”。

94 生物处理有什么好处？

生物处理利用垃圾的高含水率，处理后实现了生活垃圾的减量化；厌氧技术中沼气的产生，实现了生活垃圾的能源化；好氧堆肥技术的产品以及厌氧技术的沼渣可作为肥料用于土地利用，实现了土地还原。

95 生物处理主要有哪些方式？

生物处理主要利用生活垃圾中的有机成分进行转化，包括好氧技术和厌氧技术两种。其中堆肥和厌氧消化是好氧技术和厌氧技术的代表。

（1）堆肥流程：预处理（垃圾分选、破碎等）—细菌分解（分解有机物）—腐殖质的熟化（形成肥料）—存储

和处置（按季节和需要施肥）

(2) 厌氧消化流程：预处理（水解）—厌氧发酵—沼气收集—发电或天然气提纯

96 生活垃圾堆肥处理在我国的现状如何？

城市垃圾堆肥处理作为实现垃圾资源化、减量化的重要途径，在沉寂多年后又开始引起人们注意。一些新的堆肥化技术相继出现，目前较多堆肥厂正在建设。但垃圾堆肥的运用，在我国还是有很大局限性的，堆肥化的年处理量和所占比例都呈现下降趋势。具体见下图：

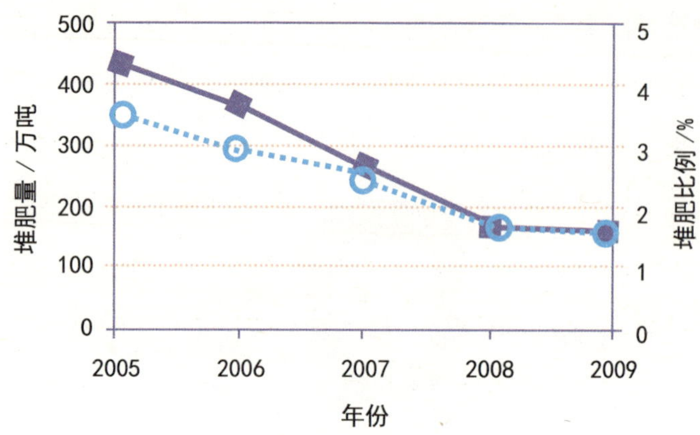

近年我国城市垃圾堆肥量以及堆肥比例的变化

垃圾堆肥化技术在我国城市发展空间有局限，主要不是技术因素，而是非技术的经济因素。主要表现在：(1)我国城市混合收集的垃圾杂质含量高，为保证产品质量采用复杂的分离过程，导致产品成本过高。如果没有政

府的补贴，是很难正常运行下去的。（2）一般堆肥厂的粗堆肥产品只能作为土壤改良剂，销路取决于堆肥厂所在地区土壤条件的适宜性。在黏性土壤地区，特别是南方的红黄黏土、砖红黏土、紫色土地区有较好的销路。精堆肥产生的垃圾堆肥肥效低，经济效益差。（3）堆肥厂产品的经济服务半径一般较小，质量较差的粗堆肥产品通常只能就近销售；而利用其制造的复合肥，在与一般化肥和复合肥的竞争中也不占优势。(4) 堆肥产品销售有其季节性，而垃圾堆肥处理则是连续性的，生产与销售之间存在的这种“时间差”，会增加生产成本。

97 为什么不能使用生活垃圾直接进行堆肥?

目前在一些地方，简单的垃圾“堆肥”已经在一些填埋场应用，并产生了一定的效益。但是这与我们所讲的垃圾堆肥技术相去甚远，因为在这些地方仅仅是将生活垃圾填埋，靠自然发酵，若干年后再挖掘出来，筛去其中的塑料等不腐烂的物质后就当作肥料出售。实际上用这种肥料种植果树、蔬菜及粮食是危险的，原因是由于垃圾中不易腐有机组分（纸、塑料、布、橡胶等）的重金属 (Pb，Cd，Cr) 含量很高，占垃圾中重金属总量的 85%以上，如果这类物质与易腐有机物长期共埋于地下，加上雨水的作用，重金属必然会渗入最终的有机肥产品中，用这种肥种出来的食品重金属含量必然超标，危害人体健康。因此，进行堆肥时必须是将新鲜的垃圾首先进行分类后再将易腐有机组分进行发酵，才能有效地防止重金属的渗入，从而保证有机肥产品达到国家标准，真正实现无害化和资源化。

98 影响堆肥效果的因素有哪些？

堆肥垃圾的性质、堆肥温度、通风量等因素均会影响生化堆肥的效果。

堆肥进料的颗粒大小以 25 ～ 75 毫米较为合适，而其中碳（C）元素与氮（N）元素的比例也有一个适宜的范围，在此范围之外微生物的生长会因“偏食”而受到抑制。堆肥垃圾的适宜含水率也有较大的影响，一般来说垃圾中有机物含量越高，适宜的含水量也越高，实际操作时可视情况添加污水、粪便等提高含水率，或添加稻草、木屑等降低含水率。

堆肥实际上主要利用的是微生物的好氧反应，因此通风对堆肥效果也有影响。而不同堆肥阶段的要求温度也有所差异，在 55℃上下，同时还要求堆肥的最高温度达到 60 ~ 70℃维持 24 小时，以杀死病原微生物和植物种子。

99 厌氧消化有什么特点？

厌氧消化是指在厌氧微生物的作用下，有控制地使废物中可生物降解的有机物转化为甲烷、二氧化碳和稳定物质的生物化学过程，也称为甲烷发酵。

其优点是能将废弃物中的生物能转化为易于使用、高燃烧值的沼气，不需要通风设备，设施较简单，运行成本低，较为节能，消化后得到的沼渣性质稳定，还可作农肥、饲料和堆肥原料。

其缺点是厌氧微生物的生长速度慢，需要较长时间的培养，常规的厌氧消化方法处理效率低，设备体积大，还会产生硫化氢等恶臭气体。

100 厌氧消化在我国的发展现状及发展方向如何?

厌氧消化是发达国家近十年来新研发的一项垃圾生物处理技术，在国外应用已相当广泛，欧洲固体垃圾厌氧处理的总量在 2000 年已经达到 100 万吨，占处理总量的 1/4，且有逐年增加的趋势。

我国在利用农村的人畜粪便及农业固体废弃物制沼气的家庭小型化应用方面取得了很大成功，技术处于世界领先，但是这方面的实际工程化应用还处于起步阶段。目前国内的北京市董村分类垃圾综合处理厂（650 吨／日）和上海市普陀区生活垃圾处理厂（800 吨／日）主要工艺都采用厌氧消化技术。

2009 年我国城市生活垃圾无害化处理情况如下图所示:

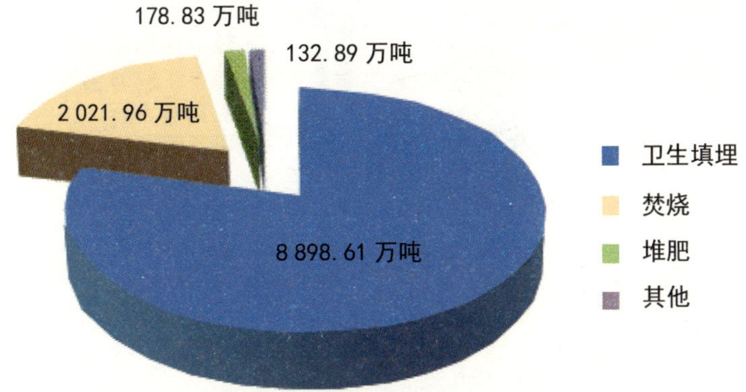

2009 年我国各种垃圾无害化处理方式的处理量

可见，我国生活垃圾无害化处理主要采用卫生填埋、焚烧和堆肥，其他处理方式只占 1.2%，这其中只有一部分采用的是厌氧消化。厌氧消化的工程应用在国内刚刚起步，没有系统的统计数据。

从前景来看，厌氧消化可以有效处理生物质废物，产生的沼气可以用来发电或供热，沼液、沼渣等副产品可以制成优质卫生的肥料，具有良好的经济效益和环境效益。根据我国初步工程实例的经验，每吨餐厨垃圾可以生产沼气 78 立方米，发电 180 千瓦时，生产有机肥料 70 千克。因此，厌氧消化技术在“垃圾围城”和能源短缺困境下发展前景广阔。

101 影响厌氧消化效果的因素有哪些?

衡量厌氧消化效果的指标主要是沼气产量和有机物去除率。沼气产量的大小主要取决于消化垃圾中有机物的组成和总含量，每千克碳水化合物、脂肪和蛋白质的产气量分别为800升、1 200升和700升，沼气产量也会随着有机物总量的增加而增加。另外，在合适的温度和有机物进入量的条件下，有机物去除率又与垃圾中的有机物含量成正比，所以提高有机物含量对于厌氧消化有重要意义。其他影响因素有温度、碳氮比、搅拌情况等。另外，挥发性脂肪酸、氨氮、硫化物、重金属、碱金属等也会对厌氧消化起抑制作用。

102 生物处理过程的臭气如何处置?

垃圾的生物处理，无论是在好氧生化堆肥过程中还是厌氧消化过程中，有机垃圾含有的氮、硫等元素，会产生氨、硫化氢、甲基硫醇、胺类等臭气物质。主要的除臭方法有：物理吸附除臭法，用活性炭、沸石等吸附含臭气体；化学除臭剂脱臭，用酸、碱水溶液吸收臭气；生物除臭法，微生物分解臭气。还可以组合上述方法除臭，例如，物理吸附和生物分解共同除去发酵臭气。

103 为什么进行厨余垃圾的生物处理前要进行分类？

生活垃圾中有大量的无法被生物处理的物质，甚至还可能含有危害微生物生存和生长的有毒有害物质，会影响厨余垃圾的处理效果，甚至杀死微生物造成生物处理过程中断。值得注意的是，厨余垃圾中常混有一次性筷子、卫生纸、餐盒、塑料包装等在用餐时产生的垃圾，虽然也属于有机物，但难以在短时间内被生物降解，这类物质的累积可能会造成相关设备的拥堵，影响处理效果。

另外，厨余垃圾生物处理的主要固态或液态产品无外乎为肥料、饲料、燃料这几类，无论是哪类产品，都对产品的杂质有不同程度的要求，提前进行分类有利于提高产品的质量和使用范围。

7

第七部分

生活垃圾的管理和公众参与

104 我国生活垃圾管理的法律依据主要有哪些?

我国生活垃圾管理的法规依据非常多，包括国家层面、部委层面和地方层面。其中国家层面的法律规章主要有以下四个：

(1)《中华人民共和国固体废物污染环境防治法》(2004年修订)

为了防治固体废物污染环境，保障人体健康，维护生态安全，促进经济社会可持续发展，制定该法。该法2004年修订后自2005年4月1日起施行。国家对固体废物污染环境的防治，实行减少固体废物的产生、充分合理利用固体废物和无害化处置固体废物的原则。

该法中对城市生活垃圾清扫、收集、贮存、运输、处置等过程中的污染防治作出了相关规定。

(2)《中华人民共和国循环经济促进法》(2008年颁布)

为了促进循环经济发展，提高资源利用效率，保护和改善环境，实现可持续发展，制定该法，自2009年1月1日起施行。该法对生产、流通和消费等过程中进行的减量化、再利用、资源化活动做出了相关规定。

(3)《城市市容和环境卫生管理条例》(1992年国务院令第101号)

为了加强城市市容和环境卫生管理，创造清洁、优美的城市工作、生活环境，促进城市社会主义物质文明和精神文明建设，制定该条例，1992 年以中华人民共和国国务院令第 101 号颁布。该条例主要对“城市市容管理”和“城市环境卫生管理”及其罚则做出了相关规定。

(4)《关于进一步加强城市生活垃圾处理工作的意见》(国发 [2011]9 号)

为切实加大城市生活垃圾处理工作力度，提高城市生活垃圾处理减量化、资源化和无害化水平，改善城市人居环境，由住房和城乡建设部、环境保护部、发展改革委等16部委联合起草，2011年4月19日国务院批转了该意见。该意见确定了生活垃圾处理的指导思想、基本原则和发展目标，并从切实控制城市生活垃圾产生、全面提高城市生活垃圾处理能力和水平、强化监督管理、加大政策支持力度和加强组织领导等几个方面给出具体的管理意见。

105 生活垃圾管理通用标准主要有哪些?

《城市生活垃圾分类标志》（GB/T 19095—2008）

《生活垃圾处理技术指南》（建城[2010]61号）

《生活垃圾填埋场污染控制标准》（GB 16889—2008）

《生活垃圾焚烧污染控制标准》（GB 18485—2010）

《生活垃圾综合处理与资源利用技术要求》（GB/T 25180—2010）

《生活垃圾填埋场稳定化场地利用技术要求》（GB/T 25179—2010）

《生活垃圾卫生填埋场运行维护技术规程》（CJJ 93–2011）

《生活垃圾填埋场填埋气体收集处理及利用工程规范》（CJJ 133—2009）

《生活垃圾填埋场渗滤液处理工程技术规范》（HJ 564—2010）

《生活垃圾渗滤液处理技术规范》（CJJ 150—2010）

《生活垃圾焚烧处理工程技术规范》（CJJ 90—2009）

《城市生活垃圾好氧静态堆肥处理技术规程》（CJJ/T 52—1993）

《城市生活垃圾堆肥处理厂运行、维护及其安全技术规程》（CJJ/T 86—2000）

106 生活垃圾的管理主要涉及哪些政府部门？

2011 年国务院批转住房和城乡建设部、环境保护部等 16 个部委联合发布的《关于进一步加强城市生活垃圾处理工作意见》明确了生活垃圾管理上各部门分工：

住房和城乡建设部负责城市生活垃圾处理行业管理，牵头建立城市生活垃圾处理部际联席会议制度，协调解决工作中的重大问题，健全监管考核指标体系，并纳入节能减排考核工作。

环境保护部负责生活垃圾处理设施环境影响评价，制定污染控制标准，监管污染物排放和有害垃圾处理处置。

发展改革委会同住房和城乡建设部、环境保护部编制全国性规划，协调综合性政策。

科技部会同有关部门负责生活垃圾处理技术创新工作。

工业和信息化部负责生活垃圾处理装备自主化工作。

财政部负责研究支持城市生活垃圾处理的财税政策。

国土资源部负责制定生活垃圾处理设施用地标准，保障建设用地供应。

农业部负责生活垃圾肥料资源化处理利用标准制定和肥料登记工作。

商务部负责生活垃圾中可再生资源回收管理工作。

在地方层面，主要是住建部门和环保部门负责生活垃圾的具体管理，其中住建部门负责生活垃圾的清运、处理处置及相关设施建设的管理，环保部门负责生活垃圾处理处置过程中的污染防治管理。

107 我国对于城市生活垃圾管理的指导思想是什么?

以科学发展观为指导，按照全面建设小康社会和构建社会主义和谐社会的总体要求，把城市生活垃圾处理作为维护群众利益的重要工作和城市管理的重要内容，作为政府公共服务的一项重要职责，切实加强全过程控制和管理，突出重点工作环节，综合运用法律、行政、经济和技术等手段，不断提高城市生活垃圾处理水平。

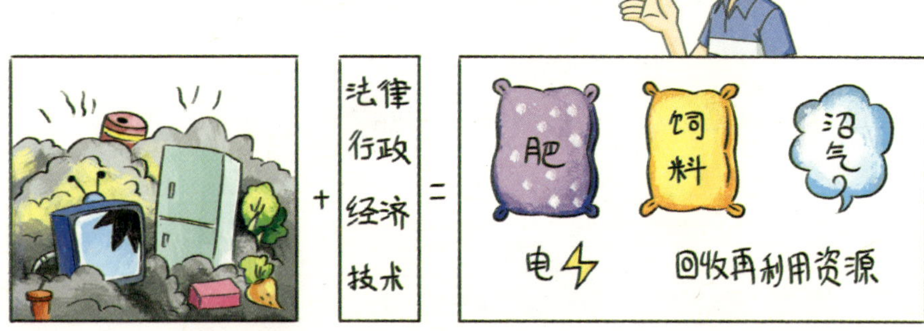

108 我国管理生活垃圾的基本思路是什么？

全民动员，科学引导。在切实提高生活垃圾无害化处理能力的基础上，加强产品生产和流通过程管理，减少过度包装，倡导节约和低碳的消费模式，从源头控制生活垃圾产生。

综合利用，变废为宝。坚持发展循环经济，推动生活垃圾分类工作，提高生活垃圾中废纸、废塑料、废金属等材料的回收利用率，提高生活垃圾中有机成分和热能的利用水平，全面提升生活垃圾资源化利用工作。

统筹规划，合理布局。城市生活垃圾处理要与经济社会发展水平相协调，注重城乡统筹、区域规划、设施共享，集中处理与分散处理相结合，提高设施利用效率，扩大服务覆盖面。要科学制定标准，注重技术创新，因地制宜地选择先进适用的生活垃圾处理技术。

政府主导，社会参与。明确城市人民政府责任，在加大公共财政对城市生活垃圾处理投入的同时，采取有效的支持政策，引入市场机制，充分调动社会资金参与城市生活垃圾处理设施建设和运营的积极性。

109 我国城市生活垃圾管理的发展目标是什么？

到 2015 年，全国城市生活垃圾无害化处理率达到 80% 以上，直辖市、省会城市和计划单列市生活垃圾全部实现无害化处理。每个省（区）建成一个以上生活垃圾分类示范城市。50% 的设区城市初步实现餐厨垃圾分类收运处理。城市生活垃圾资源化利用比例达到 30%，直辖市、省会城市和计划单列市达到 50%。建立完善的城市生活垃圾处理监管体制机制。到 2030 年，全国城市生活垃圾基本实现无害化处理，全面实行生活垃圾分类收集、处置。城市生活垃圾处理设施和服务向小城镇和乡村延伸，城乡生活垃圾处理接近发达国家平均水平。

110 我国控制垃圾产生量的方法有哪些？

促进源头减量。通过使用清洁能源和原料、开展资源综合利用等措施，在产品生产、流通和使用等全生命周期促进生活垃圾减量。限制包装材料过度使用，减少包装性废物产生，探索建立包装物强制回收制度，促进包装物回收再利用。组织净菜和洁净农副产品进城，推广使用菜篮子、布袋子。有计划地改进燃料结构，推广使用城市燃气、太阳能等清洁能源，减少灰渣产生。在宾馆、餐饮等服务性行业，推广使用可循环利用物品，限制使用一次性用品。

推进垃圾分类。城市人民政府要根据当地的生活垃圾特性、处理方式和管理水平，科学制定生活垃圾分类办法，明确工作目标、实施步骤和政策措施，动员社区及家庭积极参与，逐步推行垃圾分类。当前重点要稳步推进废弃含汞荧光灯、废温度计等有害垃圾单独收运和处理工作，鼓励居民分开盛放和投放厨余垃圾，建立高水分有机生活垃圾收运系统，实现厨余垃圾单独收集循环利用。进一步加强餐饮业和单位餐厨垃圾分类收集管理，建立餐厨垃圾排放登记制度。

加强资源利用。全面推广废旧商品回收利用、焚烧发电、生物处理等生活垃圾资源化利用方式。加强可降解有机垃圾资源化利用工作，组织开展城市餐厨垃圾资源化利用试点，统筹餐厨垃圾、园林垃圾、粪便等无害化处理和资源化利用，确保工业油脂、生物柴油、肥料等资源化利用产品的质量和使用安全。加快生物质能源回收利用工作，提高生活垃圾焚烧发电和填埋气体发电的能源利用效率。

111 各类区域生活垃圾的清扫由谁来负责？

《城市市容和环境卫生管理条例》（国务院令第 101 号）规定：

按国家行政建制设立的市的主要街道、广场和公共水域的环境卫生，由环境卫生专业单位负责。居住区、街巷等地方，由街道办事处负责组织专人清扫保洁。

飞机场、火车站、公共汽车始末站、港口、影剧院、博物馆、展览馆、纪念馆、体育馆（场）和公园等公共场所，由本单位负责清扫保洁。

机关、团体、部队、企事业单位，应当按照城市人民政府市容环境卫生行政主管部门划分的卫生责任区负责清扫保洁。

城市集贸市场，由主管部门负责组织专人清扫保洁。各种摊点，由从业者负责清扫保洁。

城市港口客货码头作业范围内的水面，由港口客货码头经营单位责成作业者清理保洁。在市区水域行驶或者停泊的各类船舶上的垃圾、粪便，由船上负责人依照规定处理。

112 是不是所有的个人或企业都可以从事城市生活垃圾经营性处置？

《城市生活垃圾管理办法》（建设部令第157号）规定只有取得城市生活垃圾经营性处置服务许可证的企业才能从事城市生活垃圾经营性处置活动。

从事城市生活垃圾经营性处置服务的企业，应当具备企业法人资格，具有固定办公及机械、设备、车辆停放场所，具有完善的技术、质量、安全、监测和应急预案等管理制度，并且对于专业人员及设施、设备配置情况也有一定要求。此外采用的技术、工艺要符合国家有关标准，卫生填埋场、堆肥厂和焚烧厂的选址符合城乡规划，并取得规划许可文件。

113 随意倾倒垃圾将面临怎样的处罚？

《城市生活垃圾管理办法》（建设部令第157号）规定：

随意倾倒、抛撒、堆放城市生活垃圾的，由直辖市、市、县人民政府建设（环境卫生）主管部门责令停止违法行为，限期改正，对单位处以5 000元以上5万元以下的罚款。个人有以上行为的，处以200元以下的罚款。

从事城市生活垃圾经营性清扫、收集、运输的企业在运输过程中沿途丢弃、遗撒生活垃圾的，由直辖市、市、县人民政府建设（环境卫生）主管部门责令停止违法行为，限期改正，处以5 000元以上5万元以下的罚款。

另外，各地可根据实际情况，制定本地区的处罚形式和额度。

114 公众如何参与生活垃圾的管理？

◆参与生活垃圾治理规划

《城市生活垃圾管理办法》规定：制定城市生活垃圾治理规划，应当广泛征求公众意见。

◆参与生活垃圾治理设施规划环境影响评价和项目环境影响评价

《环境影响评价法》对公众参与环境影响评价做出了明确规定，鼓励有关单位、专家和公众以适当方式参与环境影响评价，并要求在编制规划和建设项目环境影响评价文件时，应当举行论证会、听证会，或者采取其他形式，征求有关单位、专家和公众的意见，并将意见处理情况作为附件与环境影响评价文件一起报审。

◆对生活垃圾的处理和使用等行使监督权

任何单位和个人发现违法处理和使用生活垃圾的行为，均有权向人民政府建设（环境卫生）主管部门、环境保护部门、城市管理行政主管部门或者城市管理综合执法机关等相关单位进行举报、投诉。

◆积极参与源头减量、垃圾分类、资源回收等活动

115 公众如何参与生活垃圾处置设施建设？公众参与能够发挥怎样的作用？

公众主要通过生活垃圾处置设施的规划环评和项目环评来参与。公众参与的常见方式有信息发布、社会调查、公众听证会、讨论会。在生活垃圾处理设施选址、建设、

运行等阶段，公众参与的主要内容是通过对建设项目的了解，向项目方或评价单位提供有关该项目影响的观点与意见，并在大纲及报告书审查期间进行磋商。

公众参与能提高公众的环境意识，增强项目的环境合理性和社会可接受性。环评中公众的参与，可以协助项目方和环评工作组更全面地确认环境资源潜在的或长期的影响，以弥补环评中可能存在的遗漏和疏忽，有助于确认环境保护措施的可行性。通过对有关项目信息的交流、反馈，客观上增加相互理解，避免可能的冲突。